人工智能与智能教育丛书　　袁振国/主编

陈向东　仇星月
陈佳雯　张　蕾　著

GROUP AWARENESS IN COLLABORATIVE LEARNING

协作学习中的群体感知

教育科学出版社
·北 京·

出 版 人　李　东
责任编辑　王晶晶
版式设计　私书坊　沈晓萌
责任校对　白　媛
责任印制　叶小峰

图书在版编目（CIP）数据

协作学习中的群体感知 / 陈向东等著. — 北京：
教育科学出版社，2021.11
（人工智能与智能教育丛书）
ISBN 978-7-5191-2811-1

Ⅰ.①协…　Ⅱ.①陈…　Ⅲ.①机器学习　Ⅳ.
①TP181

中国版本图书馆CIP数据核字（2021）第220727号

人工智能与智能教育丛书
协作学习中的群体感知
XIEZUO XUEXI ZHONG DE QUNTI GANZHI

出 版 发 行　教育科学出版社
社　　　　址　北京·朝阳区安慧北里安园甲9号　　　邮　　　编　100101
总编室电话　010-64981290　　　　　　　　　　编辑部电话　010-64989363
出版部电话　010-64989487　　　　　　　　　　市场部电话　010-64989009
传　　　　真　010-64891796　　　　　　　　　　网　　　址　http://www.esph.com.cn

经　　　　销　各地新华书店
制　　　　作　北京思瑞博企业策划有限公司
印　　　　刷　北京联合互通彩色印刷有限公司
开　　　　本　720毫米×1020毫米　1/16　　　　　版　　　次　2021年11月第1版
印　　　　张　10.5　　　　　　　　　　　　　　　印　　　次　2021年11月第1次印刷
字　　　　数　95千　　　　　　　　　　　　　　　定　　　价　63.00元

图书出现印装质量问题，本社负责调换。

丛书序言

人类已经进入智能时代。以互联网、大数据、云计算、区块链特别是人工智能为代表的新技术、新方法，正深刻改变着人类的生产方式、通信方式、交往方式和生活方式，也深刻改变着人类的教育方式、学习方式。

人类第三次教育大变革即将到来

3000年前，学校诞生，这是人类第一次教育大变革。人类开启了有目的、有计划、有组织的文明传递历史进程，知识被有效地组织起来，文明进程大大提速。但能够接受学校教育的人数在很长时间里只占总人口数的几百分之一甚至几千分之一，古代学校教育是极为小众的精英教育。

300年前，工业革命到来。工业化生产向每个进入社会生产过程的人提出了掌握现代科学知识的要求，也为提供这种知识的教育创造了条件，这导致以班级授课制为基础的现代教育制度诞生。这是人类第二次教育大变革。班级授课制极大地提高了教育效率，使得大规模、大众化教育得以实现。但是，这种教育也让人类付出了沉重的代价，人类教育从此走上了标准化、统一化、单一化道路，答案标准、节奏统一、内容单一，极大地限制了人的个性化和自由性发展。尽管几百年来人们进行了各种努力，力图通过学分制、选修制、弹性授课制等多种方式缓解和抵消标准化班级授课制带来的弊端，但总的说来只是杯水车薪，收效甚微。

今天，网络化、数字化特别是智能化，为实现大规模个性化教育提供了可能，为人类第三次教育大变革创造了条件。

人工智能助力实现教育个性化的关键是智适应学习技术，它通过构建揭示学科知识内在关系的知识图谱，测量和诊断学习者的已有水平，跟踪学习者的学习过程，收集和分析学习者的学习数据，形成个性化的学习画像，为学习者提供个性化的学习方案，推送最合适的学习资源和学习路径。在反复测量、推送、跟踪学习、反馈的过程中，把握学习者的最近发展区①，为每个人提供最适合的学习内容和学习方式，激发学习者的学习兴趣和学习热情，使学习者获得成就感、增强自信心。

智能教育将是未来十年人工智能发展的"风口"

人工智能正在加速发展。从人工智能概念的提出，到

---

① 最近发展区理论是由苏联教育家维果茨基（Lev Vygotsky）提出的儿童教育发展观。他认为学生的发展有两种水平：一种是学生的现有水平，指独立活动时所能达到的解决问题的水平；另一种是学生可能的发展水平，也就是通过教学所获得的潜力。两者之间的差异就是最近发展区。教学应着眼于学生的最近发展区，为学生提供带有难度的内容，调动学生的积极性，使其发挥潜能，超越最近发展区而达到下一发展阶段的水平。

人工智能的大规模运用，花费了 50 年的时间。而从深蓝（Deep Blue）到阿尔法狗（AlphaGo），再到阿尔法虎（AlphaFold），人工智能实现三步跨越只用了 22 年时间。

1997 年 5 月，IBM 的电脑深蓝在一场著名的人机对弈中首次击败了国际象棋大师加里·卡斯帕罗夫（Garry Kasparov），证明了人工智能在某些情况下有不弱于人脑的表现。深蓝的主要工作原理是用穷举法，列举所有可能的象棋走法，并利用为加速搜索过程专门设计的"象棋芯片"，采用并行搜索策略进一步加速，在搜索广度和速度上战胜了人类。

2016 年 3 月，谷歌机器人阿尔法狗第一次击败职业围棋高手李世石。阿尔法狗的主要工作原理是"深度学习"。深度学习（deep learning）是一种复杂的机器学习算法，它试图模仿人脑的神经网络建立一个类似的学习策略，进行多层的人工神经网络和网络参数的训练。上一层神经网络会把大量矩阵数字作为输入，通过非线性加权和激活函数运算，输出另一个数据集合，该集合作为下一层神经网络的输入，反复迭代构成一个"深度"的神经网络结构。深度学习本质上是通过大数据训练出来的智能，其最终目标是让机器能够像人一样具有分析学习能力，能够识别文字、图像和声音等数据。

2019 年谷歌的阿尔法虎可以仅根据基因"代码"来预测生成蛋白质 3D 形状。蛋白质是生命存在的基础，和细胞组成内容息息相关。蛋白质的功能取决于它的 3D 结构，通过把基因序列转化为氨基酸序列，绘制出蛋白质最终的形状，是科学家一直在研究和探讨的前沿科学问题。一旦研究得出结果，将帮助我们解开生命的奥秘。阿尔法虎的工作原理是使用数千个已知的蛋白质来训练一个深度神经网络，利用该神经网络来预测未知蛋白质结构的一些关键参数，如氨基酸对之间的距离、连接这些氨基酸的化学键及它们之间的角度等，从而发现蛋白质的 3D 结构。

深蓝是经典人工智能的一次巅峰表演，通过算法与硬件的最佳结合，将传统人工智能方法发挥到极致；阿尔法狗是新兴的深度学习技术最具成就的一次展示，是人工智能技术的一次质的飞跃；阿尔法虎则是新兴深度学习技术在应用上的一次突破，超乎想象地完成了人难以完成的蛋白质结构学习这个生命科学领域的前沿问题。从深蓝到阿尔法狗用了近 20 年时间，从阿尔法狗到阿尔法虎只用了 3 年时间。人工智能技术更新迭代的速度越来越快，人工智能应用场景也从棋类等高级智力游戏向生物医学等科学前沿转变，这将从方方面面影响甚至改变人类生活。随着人工智能从感知智能向认知智能发展，从数据驱动向知识与数据联合驱动跃进，人工智能的可信度、可解释性不断提高，应用的广度和深度无疑将会得到难以想象的拓展。

教育是人工智能应用的最重要和最激动人心的场景之一，正在成为人工智能的下一个"风口"。国家主席习近平向 2019 年在北京召开的国际人工智能与教育大会所致贺信中指出："中国高度重视人工智能对教育的深刻影响，积极推动人工智能和教育深度融合，促进教育变革创新，充分发挥人工智能优势，加快发展伴随每个人一生的教育、平等面向每个人的教育、适合每个人的教育、更加开放灵活的教育。"同年10月，中国共产党第十九届四中全会通过了《中共中央关于坚持和完善中国特色社会主义制度推进国家治理体系和治理能力现代化若干重大问题的决定》，明确提出在构建服务全民终身学习的教育体系中，应发挥网络教育和人工智能优势，创新教育和学习方式，加快发展面向每个人、适合每个人、更加开放灵活的教育体系。把握历史机遇，抢占人工智能高地，引领人类第三次教育变革，时不我待。

智能教育前景无限、任重道远

人工智能在教育场景的应用，与工业、金融、通信、交通等场景不同，与医疗、司法、娱乐等场景也有显著的不同，它作用的对象是人，是人的思想、感情、人格，因而不仅仅要提高效率、赋能教育，更要关注教育的特殊性，重塑教育。但到目前为止，人工智能在教育中的运用尚停留于教育的传统场景，是以技术为中心，是对现有教育效能的强化，对现有教育效率的提高。至于现有教育效能是否需要强化，现有教育效率是否需要提高，尚缺乏思考，更缺少技术应对。我把目前这种状态称为"人工智能＋教育"。而我们更需要的是基于促进人的发展的需要的智能教育，是以人的发展为中心，以遵循教育规律为旨归，它不仅赋能教育，更是重塑教育，是创设新的教育场景，促进教育的变革，促进人的自由的、自主的、有个性的发展，我把它称为"教育＋人工智能"。

智适应学习的研究和运用目前也尚处于知识教学的层面，与全面育人的理念和教育功能相差甚远。从知识学习拓展到能力养成、情感价值熏陶，是更大的目标和更大的挑战。研发 3D 智适应学习系统，即通过知识图谱、认知图谱、情感图谱的整体开发，实现知识、能力、情感态度教育的一体化，提供有温度的智能教育个性化学习服务。促进学习者快学、乐学、会学，促进学习者成长、成功、成才，是"教育＋人工智能"的出发点，也是华东师范大学上海智能教育研究院的追求目标。

培养智能素养，实现人机协同

人工智能不仅正进入各行各业，深刻改变所有行业的面貌，而且影响到我们每个人的生活；不仅为智能教育的发展创造了条件，也提出了提高教师运用智能教育技术改进教学方式的能力的要求，提出了提高全民智能素养的要求。关键的一点是学会人机协同。在智能时代，能否人机互动、人机协同，直接关系到一个人的工作效能，关系到学生学习、教师教学的效能和价值，也关系到每个人的生活能力和生活质量。对全体国民来说，提高智能素养，了解人工智能的基本原理、功能和产品使用，就如同工业革命到来以后，了解现代科学的知识一样，已成为每个公民的必备能力和基本素养。为此，我们组织编写了这套"人工智能与智能教育丛书"。

本丛书聚焦人工智能关键技术和方法，及其在教育场景应用的潜在机会与挑战，提出智能教育的未来发展路径。

为了编写这套丛书，我们组建了多学科交叉的研究团队，吸纳了计算机科学、软件工程、数据科学、心理科学、脑科学与教育科学学者共同参与和紧密结合，以人工智能关键技术为牵引，以教育场景应用为落脚点，力图系统解读人工智能关键技术的发展历史、理论基础、技术进展、伦理道德、运用场景等，分析在教育场景中的应用形式和价值。

本丛书定位于高水平科学普及，人人需看；秉持基础性、可靠性、生动性，从读者立场出发，理论联系实际，技术结合场景，力图通俗易懂、生动活泼，通过故事、案例的讲述，深入浅出、图文并茂地讲清原理、技术、应用和前景，希望人人爱看。

组织和参与这样一个跨越多学科的工程，对我们来说还是第一次尝试，由于经验和能力有限，从丛书整体策划到每一分册的写作，一定都存在许多不足甚至错误，诚恳希望读者、专家提出批评和改进建议。我们将不断更新迭代，使之不断完善。

华东师范大学上海智能教育研究院院长　袁振国
2021 年 5 月

目 录

近年来，面对复杂、多元的工作情境，计算机支持的协同工作（Computer Supported Cooperative Work，CSCW）与计算机支持的协作学习（Computer Supported Collaborative Learning，CSCL）越来越多地引入新的工具，以改善协作情境的要素、优化协作组织的结构、重构协作工作的流程。然而，越来越多的研究发现，在许多协作情境中，参与者并不能有效地采取适应性策略，建立良好的协作和信任关系，主动参与协作过程（胜楚倩 等，2019）。

产生这些问题的部分原因在于，协作活动的参与者都是单独的个体，他们具有独立的目标、不同的认知和情感特征，如果只是简单地将他们置于协同工作或协作学习的情境中，并不能促使协作自动发生。在协同的过程中，参与者需要明确个体和团队的任务与职责，了解任务的进展，清楚个体和团队的特征与贡献。这些信息无论是协作前预设的，还是在协作过程中自然形成的，都会在协作过程中不断演变（Buder et al.，2008）。

群体感知（Group Awareness）一词最早出现于计算机支持的协同工作中，指同事之间的信息交流与分享（胜楚倩 等，2019），以及成员感知团队内部协作情况（例如成员参与度、小组进度、团体氛围等）的过程（Bodemer et al.，2018）[351-358]。

但是，群体感知并不是自然而然发生的，感知信息往往隐藏在协作过程中，不易及时发现。为增强成员之间的群体感知，群体感知工具（Group Awareness Tools，GATs）应运而生。群体感知工具为协作团队提供感知信息，它在很大程度上缓解了成员在协作过程中的协作效率低下、认知冲突、角色模糊等问题，促进团队内部的知识构建，提高成员参与度，营造良好的协作氛围。正因如此，群体感知工具日益受到关注，在教育、医疗、文化等不同领域，均出现了相应的群体感知工具（Buder，2011；Gutwin et al.，2004a）。

近年来，由于自然语言处理、知识图谱、机器学习和深度学习等人工智能相关技术的发展，群体感知工具可以借助各种智能技术拓展感知的内容、优化感知的手段、丰富感知的形式。借助人工智能技术，群体感知工具的类型大大拓展，其适用场景与应用模式也日渐丰富。

本章主要介绍群体感知工具的内涵、作用及发展历史。

群体感知工具的内涵

群体感知工具有狭义和广义两个概念。狭义上讲，群体感知工具特指专门提供可视化感知信息的工具，例如桑金（M. Sangin）等人开发的 Knowledge Awareness Tool（KAT）（Sangin et al., 2011）、菲利克斯（C. Phielix）等人开发的 Radar 工具（Phielix et al., 2011）等。KAT 以条形图的形式为全体成员展示每位成员对不同章节知识的掌握情况，Radar 工具以雷达图的形式展示所有成员在不同层面的协作情况。

广义上讲，所有有助于成员感知当前群体协作状况的工具都可以被视为群体感知工具，例如博客（Blog）、维基（Wiki）等。博客具有展示不同成员观点的功能，有助于成员了解其他成员的知识掌握情况或参与状态；维基具有协同编辑功能，有助于成员基于同一任务开展知识建构，了解小组整体的知识建构情况。

本书选取了群体感知工具的广义概念，对群体感知工具进行介绍。

群体感知工具的作用

以提供协作过程中的状态信息为主的群体感知工具在

教育、医疗、文化等不同领域得到广泛应用，促进成员之间相互了解和协调，有助于群体的协作。本部分主要归纳群体感知工具在不同领域的协作过程中的作用。

促进临场感

临场感，也称存在感，指主体对他人的感知（张婧鑫 等，2019）。协作过程中，群体感知工具能够帮助成员了解本人或其他成员的协作状态，有效增强个体的临场感，提高协作水平。协作过程中，最为典型的临场感是社会临场感（Garrison et al., 1999）和认知临场感（Garrison, 2015）[75-76]。

社会临场感，指个体在协作交流过程中，感受到其他成员的存在以及与其他成员交互的情况。群体感知工具经常通过即时呈现群体交互情况（例如贡献度、发帖－回帖交互、小组氛围等）的形式，增强成员在协作过程中的归属感，促进成员与其他成员的社会交流。例如，图1-1所示的工具以社会网络图的形式实时展示所有成员在 Moodle 平台上的在线发帖－回帖情况：圆圈代表成员，连线代表成员之间的发帖－回帖关系，其中连线的箭头指向表示回复的关系。该工具能帮助成员迅速了解本人在协作交流过程中的参与度以及与他人的交互程度，促进后续的交流（李艳燕 等, 2019）。Emodash 平台通过识别成员的面部表情信息，即时展示成员的情感状态（例如生气、害怕、鄙视、开心等），如图1-2所示。该工具能够识别与呈现成员在某一时刻的表情，帮助成员了解本人的情感状态，增强临场感（Ez-

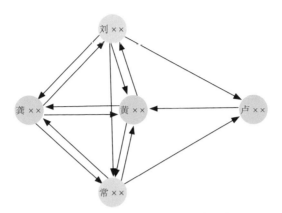

图 1-1 学习分析工具提供的社会网络图

图 1-2 Emodash 平台提供的面部表情识别功能

Zaouia et al.，2017）[429-438]。

认知临场感，指个体在协作探究过程中，对知识、技能、概念等建立认知和理解的过程。群体感知工具通过提供内容相关的知识或整合组内成员的观点与认知状态，使成员了解个人与团队知识交流的进展。例如，KAT 通过条形图的形式展示成员对不同模块（Module 1、Module 2、Module 3……）知识的掌握情况（见图 1-3）。图 1-4 所示的群体感知工具以认知社会网络图的形式展示不同成员（圆点代表成员）针对不同组织或机构（矩形代表组织或机构）所提的不同观点。

38% Niveau de compréhension de votre partenaire au Module 1.
63% Niveau de compréhension de votre partenaire au Module 2.
50% Niveau de compréhension de votre partenaire au Module 3.

图 1-3　KAT 提供的条形图

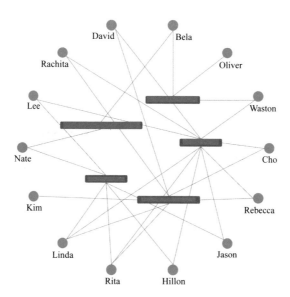

图 1-4　群体感知工具提供的认知社会网络图

强化共享调节

共享调节，也称社会共享调节，指成员集体调节小组行为的过程，涉及认知调节（例如分享或交流知识）、元认知调节（例如提醒小组进度、监督成员行为）、动机和情感调节（例如调节氛围）等不同层面（陈向东 等，2019）。群体感知信息能帮助成员了解本人或其他成员的协作状态，调节本人或小组成员的行为，提高协作水平。

协作过程中，群体感知工具可以选取成员认知、元认知、动机和情感等不同维度的交互数据进行可视化呈现，帮助成员感知小组的协作状态，促进小组成员的共同调节。如图1-5、图1-6、图1-7所示，该工具分别展示了某一协作群体在书籍分享（认知层面）、阅读进度提醒（元认知层面）、小组氛围（动机和情感层面）三个层面的交互情况（陈向东 等，2020）。其中，圆点代表成员，连线代表成员之间的联系。以图1-5为例，成员Yong与Wen之间的连线，

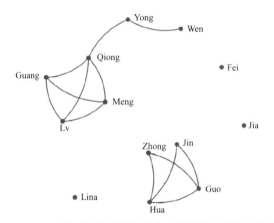

图1-5 某一协作群体彼此分享书籍的基本社会关系图

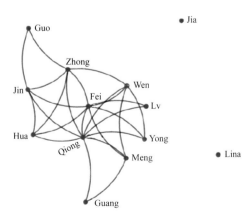

图1-6 某一协作群体相互提醒阅读进度的基本社会关系图

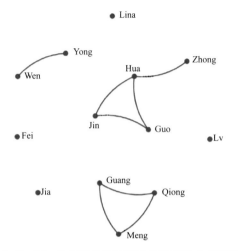

图 1-7　某一协作群体相互鼓励的基本社会关系图

代表两者在协作过程中有书籍分享互动。通过直观的可视化呈现，成员能够迅速了解小组内部在不同层面的交互状态，进而调节自身或小组行为，促进协作。

优化协作过程的评价

群体感知工具能够通过为管理者或教师提供过程性感知数据，优化协作过程的评价。

以 Emodash 平台为例，该平台能够收集与分析学习者在学习过程中的面部表情数据、在线音视频数据等，为教师展示学习者的学习状态。同时，依据平台反馈的学习者状态，教师可以通过进一步分析学习者的过程性数据，在平台上撰写反馈报告，为学习者提供个性化指导（Ez-Zaouia et al.，2020）。这一功能使教师为学习者提供精准与个性化的过程性评价成为可能，教师能够在分析不同学习者或学习群体的过程性感知数据的基础上，提供个性化反馈，有助于学习者后续的学习或协作。

群体感知工具的发展历史

群体感知信息有不同划分方式。从信息分类角度，可以将群体感知信息划分为认知信息与社会交互信息两类。认知信息即认知层面的感知信息，包括成员的知识、技能、观点等等（Bodemer et al., 2018）[351-358]。这类信息有助于成员了解自己或其他成员的知识水平，促进群体的知识建构。社会交互信息即社会、情感和动机层面的感知信息，包括成员的行为（例如参与度）、情感（例如夸奖）以及交互（例如投入情况）状况等等。依据信息复杂程度，又可以将群体感知信息分为显性信息与隐性信息两种。显性信息，即外显的、清晰简单的感知信息。这类信息往往使用较为简单的数据分析方法，例如计数、平均值等，并且容易被成员理解。与显性信息相对，内隐的、复杂的感知信息，往往需要使用较为复杂的分析方法，例如文本挖掘、交互分析等，涉及协作群体隐含的协作情况。

群体感知信息类型与复杂度的划分并不是一成不变的。当新技术出现时，群体感知工具提供的信息的种类或复杂度会随之变化。本部分归纳群体感知工具的不同类型，梳理了二十多年来群体感知工具的发展历史。

工具分类

根据其特征与作用，本书将群体感知工具划分为四类：显性认知工具、显性社会交互工具、隐性社会交互工具、隐性认知工具。图1-8展示了典型群体感知工具的分布，例如维基为显性认知维度的典型工具、Network Awareness Tool为显性社会交互维度的典型工具。

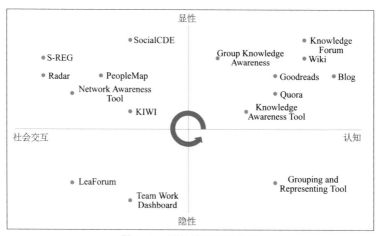

图1-8　群体感知工具分布

显性认知工具。如图1-8第一象限（显性认知）所示，该维度的群体感知工具主要提供显性的认知类信息，例如组员的发帖-回帖记录、文档分享、知识批注等等。这类信息通过对小组成员掌握的知识或技能的简单罗列，帮助成员了解当前协作群体的知识交流情况。

显性社会交互工具。如图1-8第二象限（显性社会交互）所示，该维度的群体感知工具主要提供显性的社会交互类信息，例如小组成员的情感交流状态、社会交互网络等等。这类信息通过使用计数、平均值、社会网络分析等较为简单的分析方法，展示小组成员的社会交互情况。

隐性社会交互工具。如图1-8第二象限（隐性社会交互）所示，该维度的群体感知工具主要提供隐性的社会交互类信息，例如成员的面部表情、心跳、皮肤电数据等。这类群体感知工具能够采用学习分析技术收集新的数据类型（例如眼动数据）或使用较为复杂的分析方法（例如交互分析、神经网络分析），挖掘小组内部的交互情况，提供协作团队隐含的交互信息。

隐性认知工具。如图1-8第四象限所示（隐性认知）所示，该维度的群体感知工具主要提供隐性的认知类信息，例如成员分享的知识的类别、深度等。与显性认知工具不同的是，这类群体感知工具往往采用较为复杂的分析方法，为协作群体提供小组内部的知识建构情况。

群体感知工具的发展

随着技术的发展，群体感知工具所提供的信息类型也发生着变化。本部分主要介绍近几十年群体感知工具的类型及其发展变化。

20世纪末至21世纪初：显性认知与显性社会交互为主

20世纪末至21世纪初，出现了提供群体感知信息的相关工具。图1-9展示了该时期较为典型的群体感知工具。这一时期的工具以提供显性认知与显性社会交互信息为主，通过简单的信息罗列（例如维基中的多人协作文档、论坛的发帖-回帖）或可视化呈现（例如折线图、饼图等），提供团队整体或其他成员的协作状态信息。

图 1-9   20 世纪末至 21 世纪初的群体感知工具

显性认知

早期的群体感知工具并不专门提供群体感知信息，而是用于支持群体协作。例如早期的维基、博客等工具，其作用主要在于促进成员之间的知识交流与分享。但是，在知识交流分享的过程中，成员往往通过提问与回复、协同写作与批注等方式了解彼此的认知情况，获得相关感知。也就是说，这类工具通过直接展示协作群体的知识交流情况，提供群体感知信息，帮助成员知晓当前小组的知识进展。

1990—2010 年出现的群体感知工具提供了显性认知类信息。这些群体感知工具关注群体成员的知识水平、技能，以及与任务有关的先验知识（李艳燕 等，2019），具有如下特点。第一，关注知识的外显性。注重群体知识的外化，往往直接提供成员讨论的知识信息（例如以论坛形式直接展示群体讨论内容）。第二，呈现与分析方式均较为简单。该时期的群体感知工具多是通过简单的线性排列（例如依据时间顺序排列发帖 - 回帖内容）或直接展示（例如呈现每位成员的思维导图），为协作群体提供感知信息。

总的来说，依据知识交互的不同维度与阶段，可以将这些群体感知工具分为三类：知识交流平台、知识分享平台、知识建构平台。

知识交流平台。知识交流平台即知识或技能问答平台。使用者往往通过提问 - 回答的形式交流彼此的知识、经验或技能，了解成员或小组整体的认知水平，获得认知层面的感知。这一阶段的知识交流平台有博客、社会性阅读平台、问答平台等等。

1994 年，霍尔编写了自己的第一篇博客（Justin Hall's Blog），用于记录自己的个人事件。使用者通过在博客上发表个人撰写的文章，传达个人的思想，交流知识，促进协作群体内部的知识感知。2002 年，斯坦福大学法学院教授莱西希（L. Lessig）创建了自己的博客，并通过该博客与不同领域的研究者进行公开讨论。双方通过发表博客与评论的形式，分享和了解法律、技术、协作等不同领域的相关知识。这种方式能促进人们了解彼此的知识技能，有助于认知信息的感知。在这个时期，博客对于教师的知识共享起到了重要的作用。例如，在教师博客中，教师们以匿名的形式，进行教案共享、教学反思和校本研修等。通过教师群体内部的知识交流，教师们能获得其他人的教学经验与技能信息，促进了知识感知。随着博客技术的发展以及商业推广，不同类型的博客平台层出不穷，例如新浪博客、搜狐博客等。

2007 年，钱德勒夫妇创立了社会性阅读平台 Goodreads。人们可以在平台上对阅读的书目添加注释和评论，并按照兴趣创建或加入阅读小组，展开更加深入激烈的讨论。同类型的平台还有豆瓣读书等。例如，在豆瓣读书平台上，有许多以某一图书为主题的讨论小组。以《红楼梦》一书为例，截至 2020 年 6 月 16 日，已经有 288097 人参与评价，形成了针对该书的兴趣小组。在该小组中，还有许多与书籍有关的话题讨论，例如"《红楼梦》中令你动容的爱情细节"（见图 1-10）等。小组中的许多成员参与了有关该话题的讨论，分享自己的读后感，促进读者了解其他人的阅读见解。

红楼梦

作者: [清] 曹雪芹 著 / 高鹗 续
出版社: 人民文学出版社
出版年: 1996-12
页数: 1606
定价: 59.70元
装帧: 平装
丛书: 中国古典文学读本丛书
ISBN: 9787020002207

豆瓣评分

9.6 ★★★★★
288097人评价

5星   82.6%
4星   14.7%
3星   2.3%
2星   0.2%
1星   0.2%

想读   在读   读过   评价: ☆☆☆☆☆

✎ 写笔记   ✎ 写书评   ¥ 加入购书单   分享到▾   推荐

红楼梦中令你动容的爱情细节
13篇内容 · 1.1万次浏览 · 118人关注   ＋ 关注话题

✐ 写书评参与 ▾

邀请参与   推荐

热门 / 最新   共 13 篇内容

Busca 的影评 2020-04-26 21:37:43

红楼梦中令你动容的爱情细节

"你放心"三字足矣。—— 林黛玉听了这话,如轰雷掣电,细细思之,竟比自己肺腑中掏出来的还觉恳切,竟有万句言语,满心要说,只是半个字也不能吐,却怔怔的望着他。此时宝玉心中也有万句言语,不知从那一句上说起,却也怔怔的望着黛玉。自遇见龄官画蔷,宝玉弱水三千,只取一瓢饮;自"你放心",宝玉黛玉再无矛盾争执,心事到了最真的时候,已无话可说。

△1   ▽0   1回应   0推荐   收起

图 1-10   豆瓣读书平台上有关《红楼梦》的讨论

    2009 年,安杰洛和奇弗开发了线上问答平台 Quora。该平台支持用户发表或回答问题,并且提供公开、匿名以及部分可见等不同权限来适当地保护提问者的隐私。这一平台通过提问 - 回答功能,为人们提供了知识交流与分享的空间,也为促进群体内部的知识感知提供了可能。同类型的问答平台还有知乎、百度知道、豆瓣等等,这些平台均具有知识问答与共享的特点。

知识分享平台。知识分享平台通过文本、图片、声音等多种方式进行知识与技能的分享。它通过扩散协作群体内部的知识，帮助成员了解本人和其他成员的认知水平，促进群体的认知感知。这一时期的知识分享平台有维基、Kindle 等。

1995 年，坎宁安创建了第一个维基站点。维基是一种群体协作式写作系统，任何人都可以在维基上创建、更改、分享知识，该平台能够帮助成员了解协作群体的整体认知情况。2006 年，格兰特（L. Grant）在英国某中学开展了基于维基的教学实践活动（Grant，2006）。在该实践活动中，学生需要使用维基共同完成某一协作任务。使用过程中，学生会一起创建、编辑小组共同的维基页面，甚至添加相关的超链接。通过使用维基，学生能够了解其他成员的想法、观点以及分享与任务有关的知识，促进认知感知。

2007 年，亚马逊发布了 Kindle 电子阅读器。在 Kindle 中，读者可以在某些阅读的段落添加公开的标注或留言（见图 1-11），阅读同一本书的读者能够看到他人分享的阅读感想和收获，促进群体内部的知识共享。

知识建构平台。知识建构平台不仅关注知识在群体内的传递，还关注群体共同构建知识的过程。该过程涉及知识交流、分享与建构，能促进成员了解其他成员的知识水平。

1992 年，斯卡尔达马利亚等人设计开发了 Knowledge Forum（KF）（Scardamalia et al.，1992）[41-42]。如图 1-12 所示，图中的方块代表学生写的笔记（notes），笔记之间

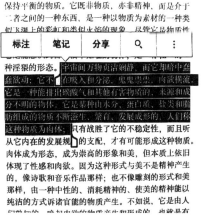

图 1-11　Kindle 的标注、笔记和分享功能

的连线表示回复与被回复的关系。为促进群体的知识建构，KF 平台还提供了六种不同的支架："My theory""I need to understand""New information""This theory cannot explain""A better theory""Putting our knowledge together"。基于该平台和相关支架，协作成员既能够通过发帖－回帖形式开展认知层面的交流讨论，也能够通过阅

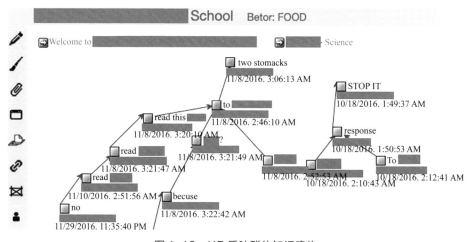

图 1-12　KF 反映群体知识建构

读其他成员的知识交互信息了解小组的认知水平。

显性社会交互

协作过程不仅包括成员之间的知识交互与共建，还涉及成员间的社会交互（陈向东 等，2007）。显性社会交互工具关注协作过程中的显性社会交互，例如在线交流网络、情感交互状态等等。除了以简单的线性罗列方式呈现群体的交互状态外，一些群体感知工具（例如 Network Awareness Tool）还采用可视化图表（例如社会网络图、雷达图）的形式，直观明了地展示群体的交互情况。

以提供显性社会交互信息为主的群体感知工具强调协作群体内的交流（例如交流网络）、情感（例如协作氛围）、行为交互（例如参与度、计划），并且以易于理解的方式展示互动过程。依据社会交互的不同维度，可以将这些工具分为三类：社会－交流感知工具、社会－情感感知工具、社会－行为感知工具。

社会－交流感知工具。社会－交流感知工具主要指展示群体交流模式或状态的群体感知工具，往往以社会网络图的形式提供相关感知信息。该类工具能够以可视化的形式呈现小团体内部成员间的亲密关系、交流频次、交互程度等，并通过及时的反馈促进成员感知互动信息、社会位置、扮演的角色等，从而调节团队的交流氛围。

2010 年，卡迪马等人使用 KIWI 系统收集并可视化协作群体的交互关系（Cadima et al.，2010）。该工具使用自我报告的形式，要求参与者勾选近期（例如一周内）与其交流的成员，然后基于上述交互数据，展示同伴交互的社会网络图，如图1-13所示。同时，该工具也选取条形图的方式，对协作群体的量化交互数据（例如节点数、顺率）等进行展示。

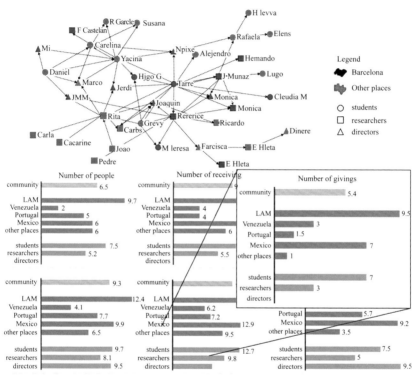

图1-13　KIWI 展示同伴交互

2013年，林等人开发了Social Network Awareness for Formative Assessments（SNAFA）平台（Lin et al., 2013），用以展示个人和群体在协作学习过程中的社会交互关系。平台用自我中心网展示了与本人有关的交互网络，用整体网展示了小组整体的交互关系。

2014年，施罗伊斯等人开发并使用了社会网络感知工具（Network Awareness Tool，NAT）（Schreurs et al.,

2014），采集教师在非正式学习环境中的线上、线下、问卷调查以及访谈等多种渠道的社会网络信息，并将感知到的信息以社会网络图的形式反馈给教师，帮助他们在非正式学习环境中感知彼此的社会网络关系。另外，它也能够以添加标签的形式，让协作对话内容在社会网络关系的基础上形成知识的交流和共享。

社会－情感感知工具。社会－情感感知工具即展示协作群体情感或动机状态的群体感知工具。通过该类工具，协作群体能够了解组内成员的情感状态。

2011 年，菲利克斯等人的 Radar 工具以雷达图的形式展示了群体成员的社会情感交互和认知交互情况（Phielix et al.，2011）。一方面，基于收集到的认知感知数据，从生产力、贡献质量两方面对群体的认知情况进行了展示；另一方面，基于收集到的社会交互自我感知数据，从影响力、友好性、合作性、可信性四个方面展示了群体的社会交互情况。如图 1-14 所示，该图对某一学习小组中三个成员的

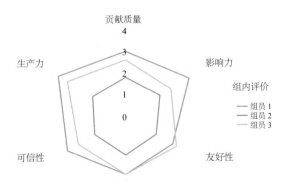

图 1-14　雷达图反映群体情感与认知交互

知识和社会交互情况进行了可视化。

2013 年，莫里纳里（G. Molinari）等人设计了一种名为 Emotion Awareness Tool（EAT）的情感感知工具，帮助学习者在协作过程中感知自身和组员的情感状态，从而促进社会和情感的交互（Molinari et al.，2013）。如图 1-15 所示，该工具以自我报告的形式记录学习者自身的情感状态，分别包含了 10 个积极情绪和 10 个消极情绪，学习者通过点击屏幕右下方的不同情感状态即可更新并共享给组内其他成员。在屏幕的右上方，学习者可以看到自身当前和过去的情绪状态（绿色区域）以及组员当前和过去的情绪状态（蓝色区域），这两个区域的状态会随着学习者修改情绪状态及时更新。

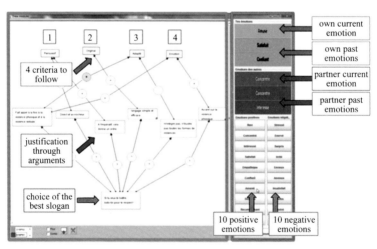

图 1-15　EAT 的自我报告

2014 年，卡瓦列（S. Caballé）等人为了加强学习者的协作意识和参与度，设计并应用了一种情感感知工具

CC-LR（Caballé et al., 2014），如图1-16所示。该工具能够捕捉学习者使用学习资源时的情感状态，采用模糊规则和移情对话方式，以延时的视频形式向用户提供情感反馈。系统的情感感知以形象的卡通人物造型以及面部表情图标来呈现，每一种图标代表着学习者不同的情感状态。延时反馈系统是从学习者参与协作过程中社会交互的数量、质量以及被动性等方面给出综合的评价。需要说明的是，卡瓦列等人的研究本身虽然并未注重学习者间情感的相互感知，但是他们所开发的系统的反馈及界面设计具备了这些功能。

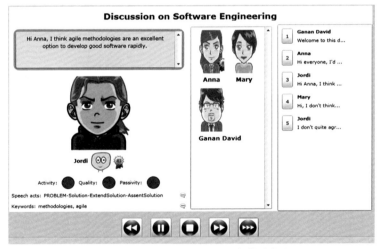

图1-16　CC-LR捕捉学习者情感状态

2015年，拉沃（É. Lavoué）等人在协作学习平台上嵌入了一种群体感知工具Visu 2（Lavoué et al., 2015），学习者可以各自记录在线视频会议过程中的情感状态（积极/消极）并添加注释，等视频会议结束后小组成员各自的情感和文字标记会在回放视频中得到共享（见图 1-17）并且被记录在时间线中，学习者通过观看自己和其他成员标记的信息来感知彼此的情感与动机的发展变化，从而促进小组的集体反思。

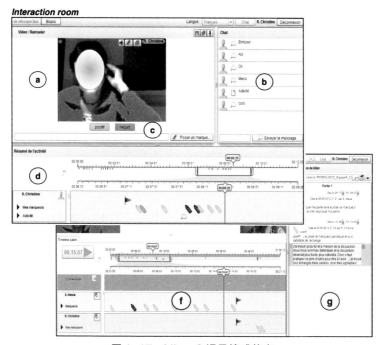

图 1-17　Visu 2 记录情感状态

　　社会－行为感知工具。社会－行为感知工具是一种展示协作群体的行为或活动信息的群体感知工具，其可视化形式也较为多样，包括条形图、散点图等等。

　　2012 年，成都彩程软件设计有限公司开发了协同办公软件 Tower。该工具具有任务跟踪与展示功能，如图 1-18 所示。该工具能够以看板的形式，展示不同任务的完成和负责情况，提供每位成员的任务活动信息，从而促进协作。

图 1-18　Tower 的任务跟踪与展示

2015 年，米勒（M. Miller）和哈德温（A. Hadwin）设计了具有共享计划功能的群体感知工具 Shared Planning Tool（SPT）（Miller et al., 2015），该工具可以将小组内每个人单独制订的任务目标和计划共享到小组内部，以条形图的形式予以可视化呈现。该感知工具一方面有利于小组成员感知彼此的任务理解程度，另一方面可以促进小组成员的协商交流，以便及时地沟通任务计划。

2011 年，詹森（J. Janssen）等人在在线协作平台 VCRI 内部嵌入了一种群体感知工具 Participation Tool（PT），能够促进群体成员感知彼此的参与度（Janssen et al., 2011）。如图 1-19 所示，每一个球状的节点代表的是单独的个体，不同的节点共同连接组成的是一个小组，其中每个节点到中心点的距离代表的是个体在小组内部的参与度（包括发言次数、活跃程度等），距离越短则表明参

26

与度越高。除此以外,该感知工具还能够促进组间感知。以小组为单位,中心圆代表的是每个小组发言的长度,而中心圆到屏幕中心点的距离代表的是小组发言的次数,距离越短则表明次数越多。该工具能够根据个体或小组发言次数的变化及时更新,以便小组成员及时感知其他组员乃至其他小组的参与度。

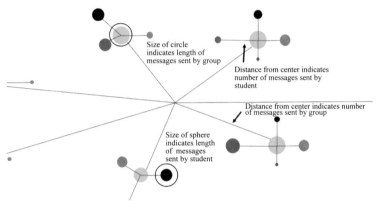

图 1-19 PT 的组间与组内感知

近几年的群体感知工具:隐性认知与隐性社会交互

近年来,随着人工智能技术的发展,出现了一些基于文本挖掘、深度学习的群体感知工具,如图 1-20 所示。这一时期的工具通过挖掘群体协作过程中隐性的知识(例如知识主题)与交互信息(例如表情、心跳、注意力),强化了隐性认知信息与隐性社会交互信息的感知。

隐性社会交互

在协同工作或协作学习中,隐性交互扮演着非常重要的角色,能够直接或间接地影响协作的效率。隐性交互是指交流过程中以非言语或文本形式直接表达的信息,包括

图1-20 近几年的群体感知工具

情感、面部表情、肢体以及生理数据等。由于隐性交互信息会受到外部环境、个体性格特征等因素的影响，因此交互的信息往往是动态发展变化的。另外，交互过程中产生的生理数据是个体内部的生理反应，如生气或紧张时的心率、血压的变化等，无法直接外显化。过去由于技术限制以及工具的缺乏导致协作过程中此类交互信息的感知是相对缺失的。直到近五年，一些研究者开始尝试利用传感器、机器学习、自然语言识别等智能技术来动态获取并可视化群体内部隐含的社会交互信息。

2018年，刘等人设计开发了一种在线协作写作系统Cooperpad，该系统具有感知小组成员参与度的功能，如图1-21所示（Liu et al., 2018）。当学生在该系统写作时，可视化效果会不断更新，使得学生可以将自己的参与度与小组中的其他人进行比较。其参与度的计算方式是基于强度的测量算法，即对所有学习者在相邻两个时间线上的参与度加权求和，自动计算出每个个体实时的参与度并将结果可视化，呈现给小组成员。此外，该系统将不同小组的协作参与情况以及各个小组的任务进度（撰写字数）呈现给每个小组进行比较，从而促进个体及小组的反思与情感的调节。

图 1-21   在线协作写作系统 Cooperpad

芬兰奥卢大学一所研究机构设计和开发了一款多模态感知工具 LeaForum。该工具拥有 360° 视角的球型视频系统和 Empatica E3 皮肤电传导器等，可以获取用户在协作交互过程中的面部表情、行为、生理等多方面的隐性信息，用来揭示数字化世界中至关重要的社会交互和学习过程。2019 年，马尔姆伯格等人利用该系统中的皮肤电传导器来追踪群体成员协作学习过程中发生的同时觉醒事件，同时利用面部识别工具来揭示其情感状态，探讨了社会互动过程中调节学习如何发生以及发生时学习者所产生的生理反应（Malmberg et al.，2019）。一方面，该研究获取了社会互动过程中隐含的生理信息，更为客观地展示了社会互动及调节学习的效果；另一方面，它通过实际的案例强调了感知工具如何具体应用于社会交互及协作过程中。

　　智能手环是一种可戴在手腕上的智能设备，具有步数记录、心率监测和血压监测等功能，通过网络或蓝牙将内容以可视化的方式分享或反馈到移动终端设备，方便人们跟踪和记录。智能手环由于具备测量生理数据的功能且携带方便，已被应用于多个群体感知的相关研究中。2020年，索博辛斯基（M. Sobocinski）等人使用 Empatica S4 手环动态地获取了小组面对面交流时小组成员的心跳频率，用于监控和可视化协作情境下共享调节的过程（Sobocinski et al.，2020）。图 1-22 是某一协作群体（共三位成员）的心理状态图，研究者通过用智能手环实时收集每位小组成员的心跳数据，将其整合到一个三元数组中，并采用三维图表的形式，展示了协作群体在不同时刻的心率（Heart Rate，HR）。

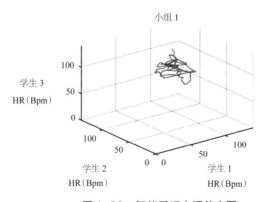

图 1-22　智能手环心理状态图

2020 年，埃扎瓦等人在真人对话外语学习平台中嵌入了社会情感感知工具 Emodash（见图 1-23），旨在帮助教师多方位地感知并记录学生学习和对话过程中的情感状态并予以可视化的反馈（Ez-Zaouia et al.，2020）。该工具在视频录像的基础上采用了微软的面部识别 API（应用程序接口），对面部表情进行 0—1 的量化处理（不同的分值代表不同的情感状态），并以整体（overview）、历史（history）、阶段（session）三种视图模式对统计结果进行可视化反馈，以便教师在系统反馈的基础上调整教学策略并撰写反馈报告。

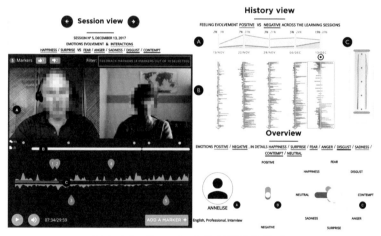

图 1-23　Emodash 记录学生的情感

隐性认知

隐性认知同样关注协作群体内的知识交流、分享与建构，但是更强调群体协作过程中隐含的知识交互情况，例如通过文本挖掘分析成员或小组的知识掌握情况。

人工智能技术的发展，使得这类群体感知工具的出现成为可能。这些工具通过捕捉群体成员在协作过程中的信息（例如帖子、文档等），借助文本挖掘、机器学习等人工智能技术，分析和展示成员的知识建构情况，帮助成员获得对协作群体隐性知识的感知。

2016年，尔肯斯等人设计使用了基于文本分析的群体感知工具 Grouping and Representing Tool（GRT）（Erkens et al.，2016）。该工具可以基于群体在协作过程中的生成性内容（例如文章、报告等），开展文本分析，划分生成性内容中的不同知识主题，并进行可视化。图1-24展示了GRT对某一协作群体的知识主题划分。该图比较和展示了某一协作群体中两位成员（学生1、学生2）的知识差异，其中，X轴代表主题出现次数，Y轴代表小组生成的知识主题。

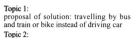

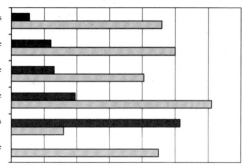

图1-24　GRT反映学生间知识差异

同时，一些研究者也尝试采用新的分析方法或技术，研究群体成员的知识掌握与变化情况。2018年，大岛等人利用社会语义分析方法研究了某一阅读群体的知识交流情况，并使用 KBDex 工具对阅读群体的语义网络进行了可视化，如图 1-25 所示（Oshima et al.，2018）。图左下角为该阅读群体的语义网络，图右上角为该语义网络不同节点的中心度。

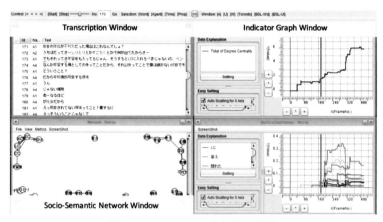

图 1-25　KBDex 分析阅读群体

2019 年，罗林等人借助认知网络分析方法，展示了协作群体的认知发展情况。他们对不同协作群体的在线发帖 - 回帖数据进行编码，利用认知网络分析方法，绘制了不同群体在四周内的认知变化轨迹，如图 1-26 所示（Rolim et al.，2019）。其中，不同颜色的认知轨迹代表不同小组的认知发展变化。

此外，多模态数据也可以作为研究群体内部知识交流与建构情况的数据源，为成员提供更多有关协作群体认知发展的信息，例如展示不同成员的眼动轨迹或热区（Liao et al.，2020）、皮肤电（Järvelä et al.，2019）等等。

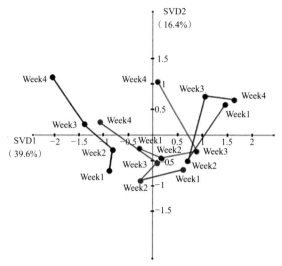

图1-26 小组的认知轨迹变化

小结

在人工智能时代，新技术赋予了群体感知工具多种多样的数据挖掘与可视化形式，人们也在诸多协作活动中尝试使用群体感知工具来挖掘、跟踪与分析个人或团队的协作状态。本章按照感知信息的类型梳理了群体感知工具的发展历史。可以发现，群体感知工具的发展呈现出从显性过渡到隐性、认知与社会交互交织的过程。早期的群体感知工具以促进学习者知识的共建共享为目的，利用不同的知识交流平台、知识分享平台或知识建构平台，直观呈现群体内部对知识资源的感知与传递。之后，为了更好地促进个体对群体内部交互状态的感知，群体感知工具开始注重对人们的社会交互、情感及元认知活动的可视化与共享，具体包括群体的社会网络、情感状态、计划、反思、参与度等。近年来，随着人工智能技术的发展，协作过程中隐含的知识建构信息（例如知识建构深度、知识分类等）或交互信息（例如血压、脑电、眼动、心率等多模态数据）成为新的关注点，特别是多模态数据，它能更为客观真实地反映协作交流群体的认知、元认知以及情感等特征。人工智能技术的发展，使得群体感知工具可以集成各类协作过程信息，通过挖掘协作中的隐性认知及社会交互信息，借助自然语言处理、知识图谱、机器学习、神经网络及专家系统等手段，最终向协作者揭示协作过程中的隐性信息，并且提供相应的协作策略支持。

二 群体感知的可视化与应用场景

许多成功的创新都是在高质量的协作中实现的，协作任务本身充满了未知和挑战，群体感知往往在关键时刻起到重要的作用。无论是阅读中的知识分享与交流，还是课堂上的头脑风暴，抑或共同完成一份学术报告，人们在协作中需要建立彼此间深刻的理解与信任，形成完成集体任务的凝聚力。随着信息技术的发展，居家办公、远程学习越来越常态化，空间距离使得群体感知方兴未艾。本章将会对群体感知的工作机制和它在各行各业的应用场景做详细介绍，为利用群体感知手段解决不同情景中的协作难题提供参考。

群体感知的可视化方式

　　群体感知工具与传统的协作沟通工具相比，最大的特点在于要让协作者意识到自己是协作团体的一员，处于共享的协作情境中，持续感知各自的协作与存在。为了维护协作的稳定运作，协作者需要获取的基本感知信息包括彼此的特征以及维持的关系信息、对任务最新进展的了解、对同伴的协作完成情况的了解、协作的背景信息和情境要素信息等。这些信息都需要以可视化的方式展示给协作者。

不同感知信息的作用

在已有的实践应用中，通过将协作信息可视化，群体感知工具的具体作用体现在以下方面。（1）熟悉问题情境：在沟通交流中，协作者需意识到所需完成的任务，并建立集体的任务理解和任务规划。群体感知工具可以为协作者熟悉问题情境提供结构化的方式，一个典型案例是米勒等人利用宏脚本工具将协作任务由理解到反思划分为 5 个大的阶段，又利用微脚本工具对每一阶段的理解提供集体感知的机会（Miller et al.，2015）。（2）建立责任感：一方面，对协作过程的可视化呈现可以激励协作者的参与，如对团队内每个成员的参与度及讨论次数进行呈现，可以帮助协作者加深对参与情况的理解（Bachour et al.，2010）；另一方面，通过对协作中的情感、动机的感知，协作者可以在共情的氛围下相互支持，如利用工具及时呈现团队成员突出的情绪，情绪来源、强度、好坏，情绪调节的目标和计划调节的策略等（Webster，2019）。（3）减少认知阻碍：在协作过程中，团队成员仅仅呈现自己的观点是完全不够的，还需要用工具实现对观点内容的共同编辑与反思补充，或是对其他成员的观点进行归类总结与可视化显示（Janssen et al.，2011）；此外，成员间的相互评价与反思也是使协作少走弯路的有效方法，如通过雷达图对各成员的认知和协作水平进行评估与展现，对团队绩效提升有积极影响（Phielix et al.，2011）。（4）增加有效沟通的机会：群体感知工具可以为协作者营造一种安全、舒适的交流氛围，减少了面对面沟通中的压力；此外，基于问题情境分配脚本角色，开展讨论、协商和同伴互评等，能够为团队成员带来更多的交流机会。（5）促进从个体信息到集体信息的调节转变：协作过程中个体能够产生许多对协作任务的理解、计划和评价等方面的思考，而群体感知工具有利于通过协调将个体层面的信息转换成集体的共享信息，支持协作的监控与评价。

很多研究都证明协作过程信息的可视化在实现高质量的协作方面有巨大的潜力，但感知作用的有效实现需要与实际的场景和技术相结合。在完成协作任务的过程中，群体感知工具的主要功能是将个体和群体的状态进行直观呈现，或是将分析、比较得到的推论信息进行可视化。这些信息主要包括情感、动机、认知、元认知与社会等维度。而信息的感知主要依赖工具的数据收集机制和通知机制的共同作用。两种机制体现了不同种类的技术应用形式，通过不同的可视化形式使团队成员可以相互感知，及时沟通，以支持不同时空下协作的稳定运作。

协作通常涉及多个参与主体，群体感知工具常常会对协作中的团队、个体的特征信息以及相互的关系信息建立感知，以支持对各成员和集体的理解、协调与配合。此外，时间和空间是协作中不可回避的信息，它往往是协作者最关心的内容，能够体现协作的发展脉络。其中，时间能够反映协作的进程、阶段等信息；而空间作为协作发生的场所，它所包含的信息反映了成员、组织的具体行为、状态、影响等，是社会属性的直观体现。接下来我们将会围绕属性、关系、时间、空间对群体感知信息类型展开讨论，并在各类别中选取具有代表性的工具应用案例进行介绍。

属性信息感知

属性信息感知是一种十分常见的群体感知方式，它主要应用于对协作中的重要特征信息进行直观比较，其优势是简单、清晰，无论是对过程性信息还是对总结性信息，都能通过这种方法建立直观的感知。但是较为单一的感知形式往往会损失协作进程中的诸多细节。在具体应用中，可以通过以下方法来感知属性信息。

信号灯

信号灯的作用与生活中的交通信号灯相近，都是向用户反馈当前的状态，起到预警作用。尽管这是一种传统的指示方式，但是通过在协作中灵活运用，往往能够发挥更大的价值。

此外，信号灯的颜色及其深浅十分适合在协作的任意阶段对团队成员的情感、动机、认知、参与度等进行明确表达，并且是以一种自然的方式提升个体对情景需求的感知。信号灯通常出现在增加彼此了解、提升共同参与水平的协作情境中。在亚尔韦诺亚（H. Järvenoja）等人提供的案例中，学生通过拖动个人端的环形标尺来表现当前个人动机、情感、认知的程度信息，但拖动过程并不显示具体刻度值，具体刻度值由系统记录。另一侧的团队端将汇总所得的分数进行可视化展示（红、黄、绿灯），红灯代表小组协作过程存在严重问题，黄灯代表小组协作过程存在一些问题，绿灯代表小组协作过程良好。小组获得评价信息后，系统会提示小组讨论获得当前评价的原因（见图 2-1）（Järvenoja et al.，2017）。其中，评价为红灯或黄灯时，会要求小组成员从问题选项表中选择导致协作问题出现的原因。例如，与动机相关的兴趣、能力与目标，与情感相关的挫折、无聊、忧虑与担心等。

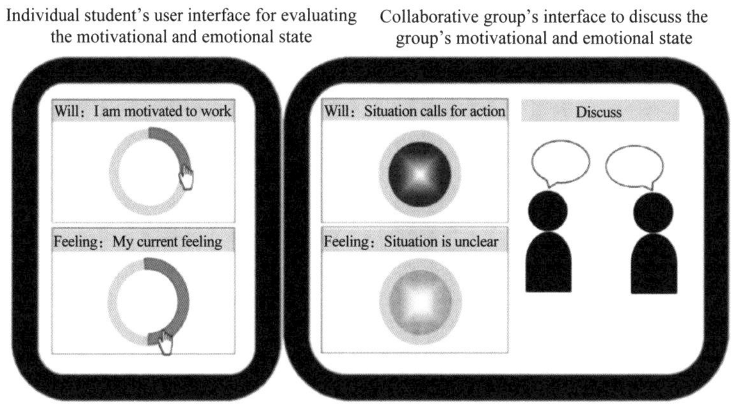
Individual student's user interface for evaluating the motivational and emotional state
Collaborative group's interface to discuss the group's motivational and emotional state
Will: I am motivated to work
Feeling: My current feeling
Will: Situation calls for action
Feeling: Situation is unclear
Discuss

图 2-1 信号灯感知方式

雷达图

传统意义上，雷达图是通过无线电装置或系统测定目标的方位、速度、高度等信息并进行成像的技术。而在群体感知应用中，雷达图的作用发生了很大变化，它一方面可以作为一种图表形式来描述多变量、多属性的个体，另一方面可用于对不同成员在工作空间中的协作、参与信息进行可视化表征。

雷达图是一种图形化展示多维数据（三个变量以上）的综合评价方法，适用于定量与定性评价。在雷达图中，每一个轴代表一个变量，距离中心点的远近代表值的大小，而雷达图的形状是评价对象的重要依据（郑惠莉 等，2001）。雷达图早期常被应用在质量管理中的质量改进阶段，用于展示当前项目、产品的绩效指标（Basu，2004）[1034-1035]。当前雷达图的应用面已经非常广了。在协作中，雷达图可以用作展示团体或成员画像，它既有助于形成直观的绩效评价，也有助于快速发现团体所存在的问题。通过观察雷达图中各指标距离中心点的距离和整体扩张趋势等，可以对成员状况进行诊断。

在菲利克斯等人的研究中，雷达图被用于获取和感知团队成员的社会与认知行为信息。在群体感知工具中，以李克特量表的形式对各成员在协作中的影响力（influence）、友好性（friendliness）、合作性（cooperation）、可信性（reliability）、生产力（productivity）、贡献质量（quality of contribution）等方面的表现进行匿名互评，最终将个人与其他成员的量化评价结果以定性、直观的方式共同呈现在一个雷达图中（见图2-2），使成员能够在对比中对自己和他人的情况形成清晰的认识（Phielix et al.，2011）。在整个参与过程中，成员既担任评价者也扮演被评价者，实现

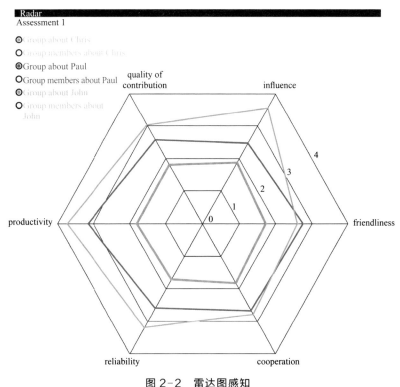

图 2-2　雷达图感知

了同伴互评策略的有效应用，最终获得较高的协作满意度
和协作绩效。

散 点 图

散点图体现了直角坐标系中数据的分布点，在统计学
领域常被用于判断两个变量之间的相关关系，如从左下角
到右上角的分布趋势为正相关，从左上角到右下角的分布
趋势为负相关。此外，散点图也可以呈现协作者在两个指
标间的倾向，如分布在直角坐标系左上方表明成员与 Y 轴
指标接近，反之则更接近 X 轴指标。

群体感知应用中，团队成员通常作为图中的一个散点，

用于成员之间各指标的相互比较。在布德（J. Buder）等人所开发的群体感知工具中，散点图被用于评价成员的参与贡献情况（见图2-3）（Buder et al., 2008）。各成员围绕认同度（agreement）与创新度（novelty）两方面，以7分量表的形式对他人参与的异步讨论内容进行评分。评价结果采用二维的图表呈现，X轴代表认同度，Y轴代表创新度。每个论点的描述和评分都位于图表下方，可以很方便地与教师观点进行比较。

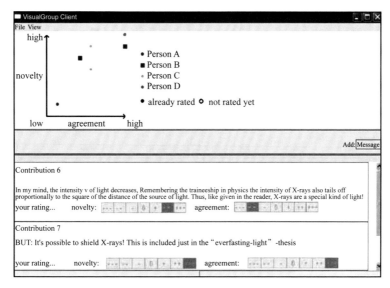

图2-3　散点图感知

气泡图

气泡图在群体感知中的常见应用情景是评估团队成员在协作中的参与、表达、贡献等的程度。它具有两种常见可视化类型来支持群体感知的实现。第一种可视化类型可以表示协作中的三个不同维度的数据。这是在散点图的基础上，将数据点替换为气泡，而气泡的面积是用来表示除X轴、Y轴所代表变量以外的第三个变量值的大小。如，杜阿尔特（D. Duarte）等研究者为了激发线上各成员的团队贡献积极性，将社会维度信息以气泡形式进行呈现。如图2-4所示，气泡代表用户个体，横轴表示评论数量，纵轴表示参与者的投票数量，气泡的大小代表提出建议、评价和投票数量的总和。此外，气泡的颜色能够表示用户的发帖数量的级别（Duarte et al.，2012）。

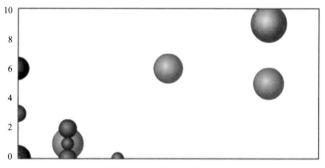

图2-4　气泡图感知

第二种类型是对前者的简化，它看起来很像社会网络图，但却不包含关系数据，仅仅是用来与他人进行比较。它通过气泡大小表示变量的程度，用气泡与某点的距离表示第二变量的大小。詹森等人所开发的群体感知工具Participation Tool（PT）就是一个很有代表性的案例（Janssen et al.，2011）。如图2-5所示，PT为团队提供了一个动态更新参与贡献度的可视化界面，球体用来表示每个成员，它的大小与成员参与次数（击键次数）相关。而

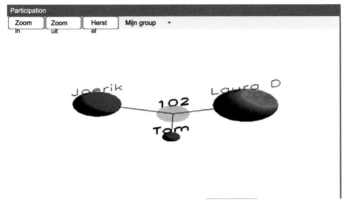

图 2-5　PT 感知

与中心点距离的远近表示发送消息频率的高低。研究表明
PT能够让成员间进行清晰的比较，激发协作动机，提高参
与度。

关系信息感知

协作无时无刻不体现着人与人或人与事物间的关系，
关系能够体现团队结构的特点，反映出各成员在协作会话、
知识生产、情感动机维持等方面的交互、贡献等情况。关
系型数据通常是以矩阵的形式进行收集，并以网络结构图
式的形式进行表征。最终，可以在网络中挖掘出深层次的
指标信息，这些信息是通过传统观察法难以准确获取的。
关系信息能够较为直接地反映出组织结构和个体所处地位。
社会网络图和认知网络图是最常用的表征社会与认知维度
信息的方式。

社会网络图

社会网络的视角认为，协作个体所具备的行为意图是镶嵌在自然、动态的社会关系之中的。所以，社会现实被认为是网络结构的，这种结构也决定了协作发生的环境，而个体处在网络中的不同位置，具有属于自己的社会关系。由此，社会网络分析可以通过成员间的社会关系结构获取无法直接观察到的深层信息。社会网络分析的一个重要的应用途径是，刻画不同个体的关系模型，从中提取相关指标，进而获取个体的角色、地位或作用信息。

在群体感知应用中，社会网络分析是一种对协作过程信息进行即时动态获取的方法。以用户为节点的社会网络在协作软件平台中的可获性很高，它们时刻反映协作团体的组织运作，可以作为社会维度的有效感知策略。它的数据来源主要是成员之间的关系，如成员 A 对成员 B 的回复、成员 B 编辑了成员 C 的作品等，都可被看作成员间的社会关联，并且这种关系数据可以用于后续分析过程。

马科斯－加西亚（J. A. Marcos-García）等人根据社会网络分析方法的特点，开发了一套在协作过程中识别角色并提供角色管理的工具——DESPRO（Marcos-García et al., 2015）。该工具首先通过社会网络的中心度度量（centrality measures）和社会图检查（sociogram inspection）来识别成员在网络中的位置。接下来，进行角色描述的工作，提取个体的社会网络指标，主要包括范围（range）、重要性（prominence）和中介（brokerage）三个维度。角色的描述就是这些指标根据不同的取值范围（如高、中、低、无等）进行的定性组合，借此可以明确成员在团体中的角色。群体感知则是由 DESPRO 的动态检测和角色管理功能共同实

现：动态检测功能能够帮助团队指导老师获取成员在一定
周期内的角色变化情况；角色管理功能不仅能识别角色，还
可以为成员发送角色信息，并按照协作需要提供角色分配和
调整的干预信息（见图 2-6）。

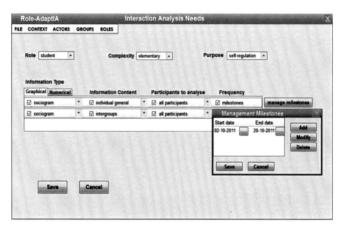

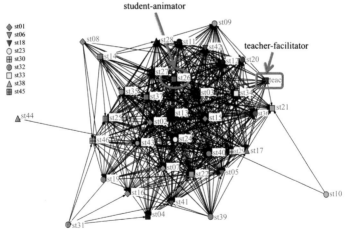

图 2-6　基于社会网络的群体感知

　　社会网络信息的另一种获取形式是：通过问卷获取团
队成员与其他哪些成员进行过交互，以及交互频次和交互
的内容维度。尽管这种间接的信息获取方式在准确性上可

能不如前面提到的动态检测获取，但它拓展了交互信息的收集范围，能够获取线上交流以外的交互信息，如面对面交流、邮件往来等。此外，它在使用过程中还可以作为一种有效的元认知策略，帮助团队成员快速形成自我感知，并促进其自我调节。在卡迪马等人的研究中，他们将这种数据获取方式应用在不同国家间的科研团队合作中，并记录每周的线上与线下的知识交流情况（Cadima et al.，2010）。数据收集工作如图 2-7 所示，该页面首先对信息交互的类型进行了定义，用户可以在其他用户的头像下方勾

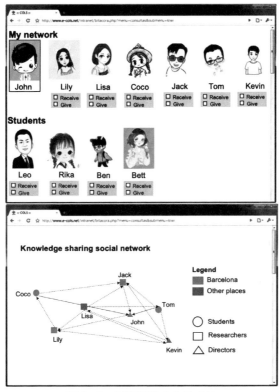

图 2-7　科研团队合作的感知

选与该用户交互的输入或输出情况。这些选择过的用户头像还会与自己的个人头像一并出现在页面上方，用以确认自己所属的社群。这些数据所形成的社会网络连接是通过Net Draw 软件实现可视化的，并进行每周更新。在社会网络中，每个节点代表一个人，并且用不同的形状代表不同的研究团队。除此之外，联系者数量、知识输入与输出的数量通过图表的形式呈现，为个人或小组提供感知信息。

可以看出，社会网络分析能够准确、及时获取成员的协作信息，还能实现直观表达，能够对成员的自我调节和团队的共享调节起到指导作用。

认知网络图

社会网络有助于成员感知协作团队的社会结构，然而，这种社会维度的感知对于协作而言是不完整的。越来越多的研究发现，对认知维度的感知，能够对协作过程的调整起到更直接的促进作用。成员的认知内容体现在协作各个阶段的交流中，认知内容同样可以以网络的形式进行表征。这是因为对某一知识的理解或观点的表达往往和对其他内容的理解或表达有关，它使得协作会话的内容能够形成关联。内容分析往往需要应用序列分析、文本挖掘等技术，在实现最终可视化的过程中可能要经历多轮信息加工。

协作会话与社会结构有着密切的联系，它们都能够反映成员在协作中的行为过程。加舍维奇（D. Gašević）等人提出了社会认知网络标记法（Social Epistemic Network Signature，SENS），用于分析协作者在认知和社会维度的互动信息，并最终以角色的方式建立感知（Gašević et al.,

2019）。他们针对一个大型在线课程中 6158 名学生的发帖活动展开了分析。在社会维度的分析中，研究者首先基于社会网络分析，提取各帖子中包含的有向的社会关系数据（回复等），并形成社会结构；其次，根据网络中节点间关联的强弱进行分类操作，划分出该社会结构中不同的社群类型；最后，提取出社会网络分析指标（中心度、加权程度、紧密性、中间中心性），用于检查协作者在整个社会结构或所属社群中的社会角色类型。此外，研究者还对社会结构信息和节点的属性信息进行分析，揭示了社会网络的形成过程，主要途径是利用指数随机图模型（ERGMs）获取两人组（同伴）的同龄互动倾向、互惠关系倾向、吸引力和活跃度等信息，获取三人组中环形关联强度（阶级性倾向）、三元闭合程度和强关系倾向等特征。

在认知维度方面，研究者的主要目的是形成以学生为中心的认知网。在分析中，研究者使用了隐含狄利克雷分布（Latent Dirichlet Allocation，LDA）方法对会话内容进行自动分析，提取出文本中比较明显的主题，最终确定了 12 个核心主题词。这些主题又在后续阶段被分为课程内容主题（以 c 开头）与课程过程主题（以 p 开头）。接下来为各帖子建立了 12*12 的矩阵，用于描述在学生会话过程中，各主题词之间的语义连接。经过数据处理最终形成了每个人的认知网络（见图 2-8）。通过聚类分析，根据课程过程主题和课程内容主题的倾向程度，在认知层面上将学习者划分为 5 种角色。

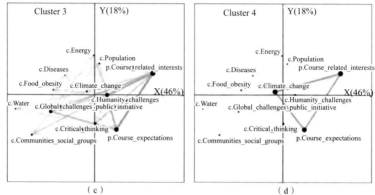

图 2-8　个人的认知网络

时间信息感知

对于集体项目而言，时间通常是衡量协作情况的重要指标，它常体现在任务管理过程中，增强时间信息的感知将有助于消除任务进度模糊的情况，因此，时间也是协作者想要优先感知的信息类型。对于更多协作细节，甘特图（Gantt Chart）和实体交互时间线是最典型的感知形式。

甘特图

甘特图是一种展示时间跨度数据的方式，能够将协作过程中的各类任务、项目的完成程度以条状图展示，并配以时间线说明其整体进展情况（Luz et al.，2010）[72-80]。

甘特图十分适合对协作任务进行可视化，为了适应任务的复杂性，开发者可以在原有基础上进行功能扩展。卢斯（S.Luz）等人开发的甘特图就是一个很好的范例（Luz et al.，2010）[72-80]。如图 2-9 所示，该工具的上方视图以传统甘特图方式展示不同任务在时间线上的平行分布，以展示任务进行情况。而下方视图中，任务进展以马赛克形

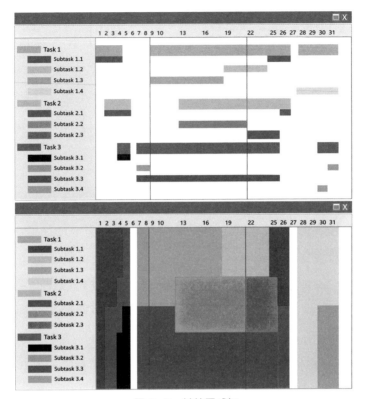

图 2-9　甘特图感知

式表征，便于明确不同任务所占比重。为了对任务进行更
细致的追踪，该工具还支持在原有任务类目下建立子任务，
子任务的进展情况不会导致总任务进度的变化，并且子任
务类别的视图可以"关闭"或"打开"，便于浏览。另外，
通过放大功能，可以查看各进度条上的相关任务描述，了
解任务细节。

实体交互时间线

实体交互时间线为我们提供了一种看待协作过程的新
视角，它是实现对协作中的情景进行感知的方式。这里的

实体指的是协作活动的核心构成，包括协作参与者、协作任务和产品等。随着时间的推移，各个实体会显现出协作留下的痕迹，如行为、状态和作用等都会发生改变。值得注意的是，实体改变是在交互作用中发生的，这种交互关系可以视为具体协作过程的清晰表述，是理解协作的重要信息。实体交互时间线可以使各任务的当前分工、进展等情况变得一目了然，因此十分适用于呈现分布式协作的情景。

可以看出，"时间+实体关系"的数据类型可以清晰、直观地表述协作过程。研究者为该数据类型提供了一个十分有效的感知方式（Omoronyia et al.，2009）。如图 2-10 所示，这种可视化形式是在关系矩阵［实体（entities）、交互类型（interaction types）］的基础上融入一条时间线，这样便于对不同时间点的实体交互事件进行表述。该群体感知工具被应用于一个软件开发的案例中，可视化图表中的实体包括：编程项目（A1—A7）、任务（U1 和 U2）、协

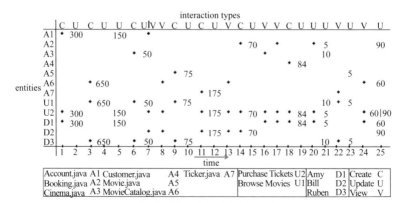

图 2-10 实体交互时间线

作参与者（D1、D2和D3），它们在纵轴按编码顺序排列。实体关系（交互类型）显示在上方横轴，包括编程项目中常见的创建、更新和查看操作。其中，"创建"和"查看"以二分变量形式表示（发生和未发生），在图中用"✚"表示；"更新"表现为连续变量，这使实体间的关系可以用程度进行衡量，在图中用具体数值显示。时间线显示在下方横轴，在该案例中它被分为25个时间点，与实体关系共同对实体形成时间、关系上的事件进行说明。如，在时间线7中，共发生了2个事件：（1）Ruben在执行"Browse Movies"任务时，更新了Cinema.java文件，增加量为50；（2）Bill在开展"Purchase Tickets"任务时，查看了Account.java。

由于实体类型较多，这种感知方式作为协作情景的可视化手段仍是相对复杂的，但它能比较完整地保留和展现协作过程及具体细节，对于分布式的项目合作而言具有很高的价值。

空间信息感知

所谓空间，就是协作发生的场所。它可能是面对面的现实空间，也可能是网络中的虚拟空间。群体感知工具的一个重要目标是实现个体工作空间的共享，这样能够增进相互理解，促进协作中高效的任务协调和资源利用（Gutwin et al., 1996）[281-298]。这类信息的表征可以采用很多种不同的形式，许多协同共享平台都在一定程度上具备这一功能。

雷达视图（Radar View）

雷达视图就是一种进行工作空间感知的有效工具，常用于虚拟协作环境中。在此类感知工具的应用中，通常利用主视图和雷达视图共同建立感知。主视图就是用户自己所在的工作空间，它可给用户营造一种场所感，用户在该空间中要完成相应的协作任务。雷达视图用于提供整个工作空间的感知信息，形成用户之间相互的存在感，它类似于角色扮演游戏中的地图导航界面，但又提供了有利于理解协作的深层信息。雷达视图能通过概括性视图展示整个工作空间中的大体内容，有选择性地决定各空间要素的细节保留，即体现工作空间的"缩影"。此外，雷达视图能标注显示每个用户的主视图所属的工作区域，并能对其中的协作过程进行有选择性的呈现，如光标所处位置等（Schafer et al.，2006）。

古特温（C. Gutwin）等人使用雷达视图感知工具模拟了现实中进行管道焊接的工作情景，为各成员分配不同的任务和角色，推动大家共同完成协作任务（见图2-11）（Gutwin et al.，2004b）[177-201]。研究发现在具备雷达视图的情况下，协作效率获得提升，并且在知觉上所需的付出也有所减少。尽管有关该感知方式的研究多停留在虚拟环境的层面，但这种新颖的可视化方式随着感知技术的发展，将有望在物理环境的协作中大放异彩。

共同知识构建感知

很多研究者认为，了解他人知识的来源途径与了解他人所知的知识一样重要（Engelmann et al.，2010）。

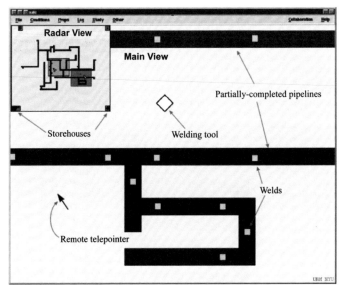

图 2-11　雷达视图的感知方式

Cmap 工具具备了允许直接访问信息源的附加功能，并能够提供集体知识建构的共享视图。如图 2-12 所示，该工具通过其他成员的操作视图建立感知并获取他人的知识与信息，并且在共享工作视图中完成概念图构建。恩格曼（T. Engelmann）利用该工具设计、开展了远程协作认知的三人小组活动，其目标是通过共同设计概念图来实现知识的共同获取。在小组中，每个成员所具备的概念元素各不相同，他们有 5 个共享概念和 6 个共享关系，以及 2 个非共享概念和 7 个非共享关系。此外，每个成员还具备 2 个共享的来源信息和 5 个非共享的来源信息。各成员可以通过 Skype 沟通交流，在共享视图上共同完成知识建构。研究结果表明，在工具的帮助下，各成员快速获得他人的知识与信息，并能高效完成协作任务，获得较高的认知绩效。

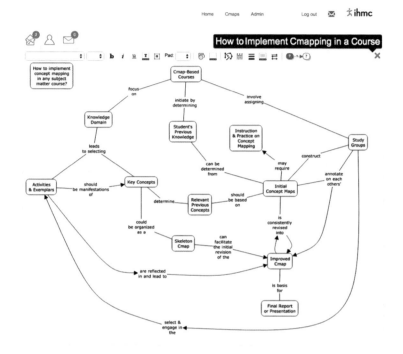

图 2-12　Cmap 工具的知识建构感知

共同注释工具

　　关于注释的群体感知常用于社会性阅读情景，从协作的角度来看，它是促进知识共享、建立共同知识理解的重要形式。

　　苏（A. Y. S. Su）等人开发了一个面向小组集体阅读的共同注释工具——PAMS 2.0（Su et al.，2010）。该工具能将单词、句子、章节或整个文档作为注释对象进行处理，注释内容可以是文本、图片、声音，且该工具支持手写格式。在文档浏览面板中，团队成员可以对重要内容进行标记并建立注释，所提供的注释类型包括：定义（描述或解释）、评价（阐述观点或论点）、问题（提出的问题或是对问题的回答）以及关联（与其他注释对象建立的关联）。

为支持社会性阅读中的问题解决，教师能够在任务管理面板为各个小组分配任务。该工具能够将标记为"问题"的注释进行共享，其他成员能够对该注释进行回答并公开，方便他人通过注释检索迅速找到想要的答案。为形成更深入的理解，学习者之间还能通过聊天面板进行沟通交流。此外，该系统还能够对个人、团队的协作过程信息进行记录，通过统计表实现个人的注释贡献、他人注释的数量、团队提交的答案和计划进展等信息的可视化。

由此可见，共同注释功能是对传统社会性阅读的拓展，它能够在团队成员相互感知与相互依赖的协作氛围中，进一步实现集体的知识建构。

共享文本编辑工具

同时在线的文本编辑当前已经成为远程协作办公的重要形式。这种形式的协作发生在共享的工作空间内，编辑信息的直观和及时的感知变得尤为重要，它能够使作者步调统一、及时发现问题并解决。这些感知信息可以是作者的当前编辑位置、编辑行为及发生时间、编辑的贡献量等。为了实现对这些信息的感知，研究者基于共享文档，进行了不同的可视化尝试，它们能够在不同的方面对文本编辑进行改善。

一是对共享工作空间的感知。特兰（M. H. Tran）等人认为共享文本编辑需要注重对共享工作空间的感知，为此，他们所开发的工具不仅实现了对编辑修改的监控，还在雷达视图的基础上进行了视图范围拓展，以此来实现感知目标（见图 2-13）（Tran et al., 2006）。

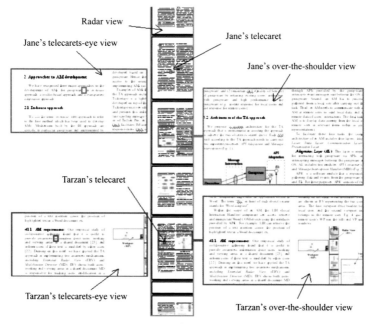

图 2-13　拓展雷达视图

拓展雷达视图由原有的雷达视图和肩上视图（Over-the-shoulder View）构成，方便作者在共享文档中编辑。拓展雷达视图界面中能够用不同颜色的边框来显示作者当前在共享文档中的所在区域。同时，作者的文本输入光标所在的位置也会被显示，用于展示当前的编辑工作区。此外，作者在编辑中强调突出的部分内容，也会在该视图中进行直观显示。在该界面中，通过拖动导航，可以对各位作者的基本编辑信息建立感知。雷达视图左右两侧提供了肩上视图，呈现比雷达视图更加直观、清晰的编辑信息。

通过增加肩上视图，帮助作者对他人的编辑信息进行直观感知，能够有效减少雷达视图与共享文档之间的视线切换，提升了工作效率。视图中还会显示输入光标所处位置的周围内容，帮助建立对作者工作区域的感知。

　　修改监控的界面，将共享文档编辑改动的信息按照时间顺序排列出来，并且可以显示修改内容所属文档页码、修改时间和修改性质等（见图 2-14）。此外，作者可以通过点击修改事件，将视图转换到事件发生页面。而修改或删减的内容还会在此页面以提示窗的形式进行显示，并用显示箭头指示修改或删减的位置。

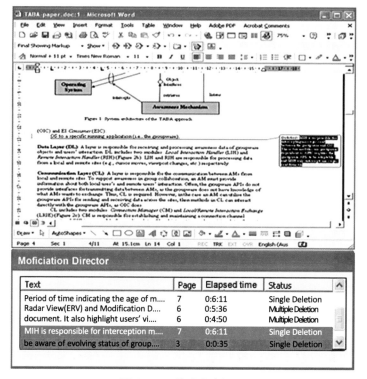

图 2-14　修改内容提示

二是对编辑过程的感知。赖昆达利亚（G. K. Raikundalia）等人的研究认为仅仅关注工作空间是不够的，协同编辑更应该强调对编辑情况建立明确、迅速的感知。为此，他们根据协同编辑的基本需求，开发了一套结构化的群体感知工具，其功能模块包括：任务分配树、用户行为列表和用户历史追踪。在这些功能的支持下，形成了一个完整的共享编辑感知机制（Raikundalia et al., 2005）[127-136]。

任务分配树（见图 2-15）的目标是分配文档编辑工作，使作者对协作任务形成清晰的认识。它在功能上类似于文件管理，可以先通过添加文章的章节作为一级菜单，形成任务框架。在该框架下，还能够添加、删除或修改作者姓名，实现任务的分配。此外，在点击作者姓名后，会显示作者在该章节的具体任务信息。

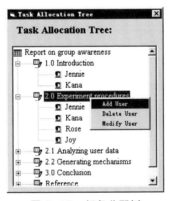

图 2-15　任务分配树

用户行为列表（见图 2-16）模块用于实时感知协作过程中用户对文档的操作信息。上方界面通过不同的颜色指示各用户所编辑的内容。下方的用户行为类别能够显示所

发生的编辑事件（添加、删除、强调等），以及它们的起止
信息和发生时间。通过点击事件，所涉及的具体文本内容
会在右侧的"用户行为视窗"中显示。这种行为感知机制
能够对不同作者间的协作情况形成方便、快捷的感知。

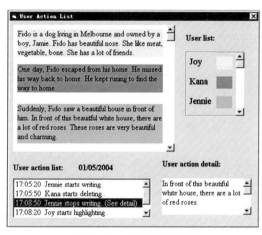

图 2-16 用户行为列表

用户历史追踪（见图 2-17）模块可以帮助作者了解当
前版本的文本内容相较于过去改动了什么和被谁改动。作
者可以将想了解的文本内容用红色下画线标注，通过双击
可以以列表的形式显示出该文本被修改的历史记录（包括修
改者和修改时间）。通过点击历史记录列表，可以展示对应
的修改版本。这种感知机制便于作者对文本修改问题进行
感知和商榷。

认知概念整合工具

概念图是一种通过关系网络呈现知识的图示方法，与
社会网络不同的是，节点用于表征概念，而概念间的关系
使用关系连接语表示。概念图根据用途可以再进行细分：系

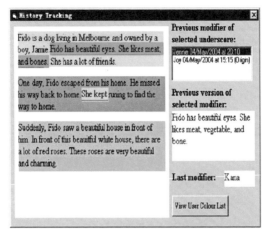

图 2-17　用户历史追踪

统层级图是上层较有普遍性的概念与下层更加具体化的概念之间建立的联系，适用于表达认知结构；蜘蛛网络图是将核心概念置于中心位置，将具体化概念向四周发散排列。概念图不仅能够表征个体的知识地图，还适用于认知过程可视化。因此，在团队协作中，它可以作为对认知过程和结果进行表征的感知策略。

　　团队成员在先验知识与认知水平等方面存在着不同程度的差异性，这种差异性导致了协作活动时常伴随着认知上的碰撞。然而，一旦存在不清晰的知识表达，就很容易加剧各成员之间的认知偏差，甚至造成严重的认知负荷。面对这些协作中常见的认知问题，一个比较有效的解决策略是，要求成员以概念图的形式外化自己的知识结构，并与他人的概念进行比较，最终形成整合概念图。与共同知识构建不同的是，整合概念图制作过程除了注重对自我知识概念的表达外，还十分强调知识的求同存异，在知识概念的比较与协商中，逐渐拓展自己的知识边界。

　　为了实现以上认知需求，考（G. Y. M. Kao）等人开发了一个比较典型的整合概念图式系统（ICMSys）（Kao et al., 2008）。如图2-18所示，该系统由"个人概念图式"（personal concept mapping）和"整合概念图式"（integrated concept mapping）模块组成。在"个人概念图式"模块里，成员可以以表单的形式，建立概念节点并通过连接词形成连接以及提供概念相关示例，从而表达自己的概念结构。整个过程中所输入的词汇将被纳入ICMSys，用于拓展概念词汇，方便成员在后续的概念构建中选择合适、准确的词汇。"整合概念图式"模块是实现概念反思的模块，在该界面中，可以选择一些其他成员，并显示与他们进行

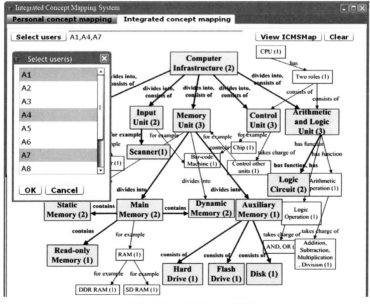

图2-18　ICMSys界面

67

概念整合后的图式。概念节点上所标注的数字代表着该概念在所选成员的图式中被提及的次数。因此，这种形式十分便于对不同个体的概念差异进行比较，并能够直接找到自己存在的概念缺失，帮助团队在反思中创造性地实现概念整合。

基于虚拟现实的感知

随着新兴技术的发展，环境可视化已经成为分布式协作情景中的新追求。虚拟现实技术被认为是实现该目标的一种十分可行的方法，它不仅能够打破时空限制，为用户提供接近现实的虚拟协作环境，还能够通过"超越现实"的表现形式对协作的相关信息进行生动刻画。因此，虚拟现实被认为是群体感知发展的新方向（Ryskeldiev et al.，2018）。

虚拟现实技术早在 20 世纪 60—70 年代就被发明出来了，在经历了很长时间的沉寂后，近些年它在技术上有了很大的进步。随着虚拟现实技术的成熟，其技术类型也得到了扩展。米尔格拉姆（P. Milgram）等人所提出的"虚拟连续体"的概念对此类技术的类型进行了界定（Milgram et al.，1994）。第一种是基于虚拟环境的虚拟现实技术（VR），它通过计算机技术生成的具备真实性的环境，能在很大程度上将人与现实世界隔绝开。它所代表的技术类型就是传统意义上的虚拟现实技术，该技术的应用方式主要是通过实现动态环境建模、三维图像实时生成、立体显示和传感追踪、环境开发工具应用和系统集成等关键的技术要求，从而生成与真实环境中视、听、触觉高度相似的多感官学习环境，为用户带来真实的感官刺激与交互方式。第二种是基于现实环境的增强现实技术（AR）。虚拟的信息可以以计算机等技术为媒介，叠加在我们生活的现实环境中，这能够提升用户对真实环境的感知。它使真实和虚拟的事物共存在一个时空中，并且用户可以以自然的方式与它们进行交互。此外，近些年混合现实技术（MR）也开始在计算机支持的协同工作领域得到应用，这项技术既追求增强虚拟也追求增强现实，它所创建的环境不仅能够使数字对象和现实事物共存，还能使二者进行实时互动。由此可见，虚拟现实技术、增强现实技术和混合现实技术都致力于改善和创造环境，而且在功能和体验感受上具有很多共同点，以致我们难以从技术的角度将它们完全分开。

早在 2004 年，本科（H. Benko）等人就对混合现实技术支持协作的交互模式进行了技术应用上的探索，他们开发了一套由头部追踪器、头戴式显示器、麦克风、多点触摸、投影台面、大屏幕显示器和跟踪式手持显示器等设备集成的考古可视化交互工具（Visual Interaction Tool for Archaeology，VITA）（Benko et al.，2004）[132-140]。该开发团队发现考古工作者在遗址挖掘中往往会造成不同程度的物理破坏，他们需要对遗址的土层进行挖掘才能对更深层和早期的遗址结构进行研究分析。然而，对于考古工作而言，每一时期和阶段所发现的遗迹都有望成为揭示历史发展的重要印证，能够成为详细系统的证据链。为了保证这些重要记录不被破坏，VITA 将标准化的考古记录，如二维图纸、图片、笔记以及三维全景图像、模型、视频和音频等内容扩展至混合现实的环境中，支持学者共同在一个无缝的协作环境中开展线下及远程的考古工作。考古人员可以捕捉到遗址的任意视角并进行随意调整（如等比例放大、旋转等），提高了传统考古作业方式的效率。

对于计算机支持的协同工作和计算机支持的协作学习而言，虚拟现实技术、增强现实技术、混合现实技术等的发展，大大强化了感知的类型和途径。研究证明，这种具有前瞻性的群体感知方式能够切实有效地支持协作活动的开展。在技术的更新换代中，基于混合现实技术的协作活动正越来越多地由同置转向异置，协作人员的角色及能力构成也从同质转向异质，此外，应用的协作情景也更加复杂多样。混合现实技术正不断冲击着群体感知的环境边界，未来有望开发出新的感知工具。

群体感知的应用场景

群体感知工具正被应用于众多不同的场景，特别是教育、医疗健康、软件工程、协同编辑、学术研究、产品设计、游戏、应急管理等领域。本部分将结合案例来详细介绍群体感知工具在这些场景中的具体应用。

医疗健康

就医院而言，医生和护士之间的高效协作对患者护理至关重要。因此，受益于群体感知的重要领域之一就是医疗健康领域。在该场景中，群体感知的主要应用包括：电子病历、患者记录等数据的共享交流，多学科团队会议，远程协作诊断和医疗咨询，医疗团队协作计划以及家庭医疗护理等（Fitzpatrick et al., 2013）。

协作计划系统

在医院里，病人的治疗护理是一项十分复杂的任务，需要许多具有不同技能和角色的医护人员协作完成，他们的协作质量对病人的康复情况有重要影响。比如医院的妇产科病房管理，涉及妇产科医生、麻醉师、助产士、儿科医生、护士等众多医护人员的协调工作。

在治疗护理病人期间，参与的团队成员往往需要共同制订任务计划，这个过程需要考虑相关医疗团队成员的位置、时间、可用性等。同时在任务执行过程中，需要根据实际情况对计划内容进行更改和调整。因此，在病人住院期间，整个医疗团队需要经常一起讨论详细的任务计划安排，并使用电话、电子邮件、短信等进行沟通协调。但是，由于医院的特殊性，常常会发生各种紧急情况，医护人员不仅需要始终关注患者病情的发展，也要对正在发生的事件以及团队成员的状态保持相互了解，以应对各种紧急事件。因此，需要设计开发相应的工具来为这些协作医疗任务提供有效的支持，帮助医疗团队成员快速而有效地获得信息，从而更好地协调工作。

莱扎（F. Lezzar）等人观察研究了阿尔及利亚医院病房的现场工作，以了解医护人员在处理患者病情时的协作

过程，然后设计开发了协作计划系统 CPlan（Lezzar et al.,
2012）[1-6]。该系统为同步组件，可以用于同置或异置的小
组成员之间的实时协作，工作界面如图 2-19 所示。它主
要通过以下几个方面为医护人员提供各种感知信息。

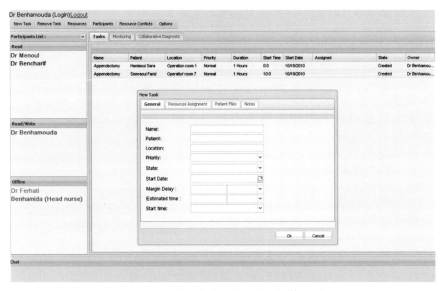

图 2-19　CPlan 系统页面

　　参与者列表。该列表分为三个部分，已连接并可以查
阅时间表但不可修改编辑的参与者（上班但处于忙碌状态的
成员）、已连接并可以编辑时间表的参与者（上班且处于空
闲状态的成员）、离线的参与者，不同参与者的颜色也不相
同，以便在工作区中轻松区分各成员。该视图能够帮助医
护人员实时感知团队成员目前的状况，方便团队进行任务
计划安排及协调。

　　协作任务表。该列表对团队所有成员开放，它实时显
示目前团队成员都在做什么、处于什么位置，以及各个任

务的优先级、开始时间、持续时间等，当任务被创建或更
新后，系统会自动发送信息给执行此任务的成员。医护人
员可以根据此列表随时感知团队成员的任务执行情况，以
及当前工作人员的可用性和位置信息。

交流。CPlan 支持同步（即时消息传递）和异步（发表
评论，并向同事提供有价值的建议）交流。

活动通知。当有成员在共享工作区执行了操作时，系
统会通知其他团队成员，使小组成员感知到彼此的行动。

以上几个功能能够为医疗团队成员提供直观且丰富的
认知信息、行为信息和社会信息，减轻医护人员的认知负
担，帮助他们实时感知了解当前正在发生的事情，据此来
灵活协调下一步的行动计划。此外，该系统还包括语音/视
频会议、共享白板、小组决策支持、协作诊断等功能，为
医护人员的成功协作提供进一步的支持。

社会协作医疗保健服务系统

Web2.0 以及社交媒体技术的发展，极大地改变了人们
跨社区交流和信息共享的方式（Chen et al.，2016），为在
线协作带来了许多可能性和特性，且不同社区的协作对于
解决问题、建立共识以及协助决策具有极大的作用（Zaffar
et al.，2012）。侯赛因（N. Hussain）等提出了语义社会协
作网络（Semantic Social-Collaborative Network，SSCN）
模型（见图 2-20），其中本体服务模块（Ontology Service
Module）是基于现有本体扩展而来的，能够捕获社会协
作网络中的非人员相关概念、属性和关系。该模型可用于
实现情境感知的协作网络，允许分布式的人员和工件（例

如文档、数据、工作流等）在一个社交环境中协同工作
（Hussain et al.，2019）[251-260]。

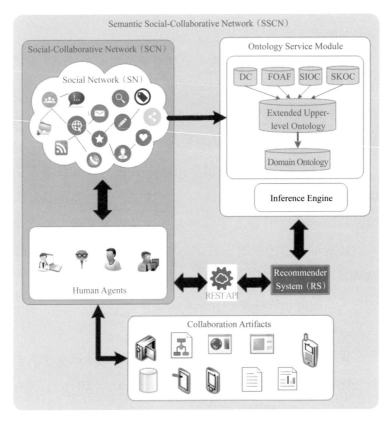

图 2-20　语义社会协作网络模型

研究人员将其应用于英国大型社会协作医疗保健服务
系统 GRaCE-AGE，在社会保健环境中建立资源、个人和
实践社区之间的社会联系，如图 2-21 所示。图中假设患者
和家庭成员、医生、护理人员是朋友关系，医生和护理人
员是同事关系，用户可以通过该图清晰地感知到相关的社
会关系。除了人员外，该社会网络图还显示了人和工件之

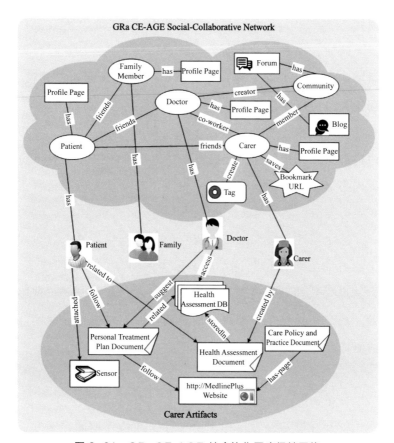

图 2-21　GRaCE-AGE 社会协作医疗保健网络

间的社会联系与通信，如图中的健康评估文档、治疗计划
文档、护理政策和实践文件等等，这些工件是系统通过朋
友关系、跟随关系、储存关系、创造关系等识别得来的，
方便用户实时感知身边的医疗资源以及医生和护理人员的
工作状态。此外，护理人员可以把有关护理政策和实践的
网页保存为社会性书签，还可以创建与患者健康状况信息
相关的标签，以提醒其他人员。同时，该系统具有社会通
知服务功能，可以在紧急情况下向网络中的所有成员发送

通知。

同时，患者可以参加关于特定疾病或条件的论坛，遵循特定的治疗方案和程序，并获得有关健康问题的建议，医护人员可以在论坛中回答问题、进行评论、合作讨论等。系统的综合推荐功能将根据患者发布的帖子、博客、健康评估数据查找相关的医疗信息，并根据推断的医疗 Web 资源向患者提供新的医疗计划，也可以根据个人偏好推荐正在经历类似困难的新联系人。

综上所述，该系统基于用户的社会网络关系，以可视化的方式为患者和医护人员展示实时动态更新的网络图，为其提供认知感知信息和社会感知信息，从而改善护理服务，提高病人整个护理过程的透明度，促进医疗保健团队的协作。

分布式协作软件开发

软件开发是一种协作性的工作，在协作期间，开发人员需要保持对特定任务或项目工作进行情况、其他团队成员正在做的事情，以及与项目相关的资源的当前状态的了解（Omoronyia et al.，2009）。在并置的环境中，涉及开发人员的感知信息是通过即时通信、电子邮件、会议来实现的，开发人员可以在同事的办公桌前停下来，和他们讨论问题或查看他们正面临的问题（Ko et al.，2007）。而在分布式协作软件开发团队中，感知这些信息就要困难得多，因为它们与开发人员紧密地联系在一起，随着软件项目的进展不断发生变化。感知信息的缺失会引起许多问题，包括：经常对交流内容和动机产生误解；对远程资源的感知力和控制力差；分布式团队之间的沟通、协作和协调不足；损害团队的凝聚力和相互信任；影响团队成员的工作意愿和热情等（Boland et al., 2004；Herbsleb, 2007；Omoronyia et al., 2010）（Chisan et al., 2004）[28-33]。但是，分布式协作软件开发具有许多好处，如，能够缩短上市时间，能够更快响应客户需求，能够更有效地资源池化，等等（Kommeren et al., 2007）。因此，为分布式协作软件开发团队提供感知信息对于他们的协作至关重要。

协作软件开发人员的感知通常集中于对人员、项目资源和开发任务的信息需求。协作过程中，开发人员经常寻求有关他们所依赖的资源如何变化的信息，他们的队友在做什么的信息，以及与他们的任务相关的信息（Ko et al., 2007）。迄今为止，大量研究致力于设计开发各种群体感知工具来增强分布式协作软件开发过程中的群体感知，帮助软件开发团队获得所需的感知信息，以促进分布式团队协作。

软件工程教育中的感知支持

信息技术已经迅速渗透到我们的社会生活中，随着用户需求的不断增加，软件系统的复杂性不断增加，对软件系统开发人才的需求也随之增加，因此，许多学校开设了基于小组的软件工程教育课程，让学生通过实践获得有关软件开发的知识和经验。

在课程学习中，学生以小组的形式进行系统分析、设计、开发、测试等一系列的软件开发工作，由于工作量较大，课堂上的时间往往不够，因此学生需要在课堂之外花费大量时间实践。但是，在分布式环境中，教师难以关注各小组开发过程中的活动以及成员之间的协作情况，小组成员之间也不能实时感知彼此的进度、想法等信息，容易导致开发工作的延迟。因此，奇肯（K. Chiken）等设计开发了一种系统，可以为分布式协作软件开发中的小组成员和教学人员提供感知信息（Chiken et al., 2003）[280-289]。该系统具有以下功能。

信息共享。当有成员发送电子邮件时，服务器将该邮件发送到消息数据库，并以同步方式发送消息通知所有小组成员，邮件信息显示在电子公告板（BBS）界面上，所有成员都可以查看信息。

浏览感知。该功能显示小组成员是否访问了某工作，信息显示成员姓名、最早访问时间、最近访问时间，成员可以通过此功能感知到谁浏览访问了自己的工作。

工作检查。当某一工作完成后，其他小组成员和教师可以检查、评论并判断是否需要对其进行修改。教师可以参考成员的评论意见，做出最终判断。当所有人都检查完毕后，系统会自动发送消息通知小组成员，进而可以及时开始下一步的工作。

该系统被应用到实际的软件工程教育课程中，学生和教师都认为这三个功能非常有用，为他们提供了开发过程中所必需的感知信息，促进了小组的协作开发工作。

实时可视化感知工具

为了促进创新和竞争，越来越多的软件开发团队开始采用分布式协作开发的方式，虽然与并置的开发环境相比，分布式开发环境不容易获得所需的感知信息，但分布式协作开发具有许多潜在的优势，而要完全实现这些优势，就需要各式各样的群体感知工具为开发团队提供所需的信息。

在协作开发环境中，对于开发人员而言，知道谁在处理哪些任务很重要，有了这些信息，开发人员就可以协调自身的活动，避免任务重复或冲突等。兰扎（M. Lanza）等开发了一个可以记录开发团队成员在项目中执行的所有更改的 Eclipse 插件 Syde，并在此基础上进行扩展，开发了一个视觉感知系统 Scamp，它能够处理 Syde 提供的信息，将其可视化为不同类型的视图，帮助开发人员实时了解团队成员在系统上进行的更改（Lanza et al.，2010）[202-211]。Scamp 共提供三种视图以增强开发人员的团队意识：词云视图、桶视图、资源管理器装饰。

词云视图（Word Cloud View）。词云视图显示项目中的类的名称，如图 2-22 所示。其中，顺序代表更改的先后时间，最近更改的类位于顶部位置；大小代表每个类上执

图 2-22　词云视图

行的更改数量，即单词越大表示该类更改数量越多；每个类根据对其进行最新更改的开发人员着色。另外，点击一个单词，用户界面将跳转到该类对应的源代码。软件开发过程中，Scamp 根据项目进展不断对词云中单词的顺序、大小、颜色进行调整，开发人员根据该视图可以快速感知团队成员目前的工作情况，从而进行工作协调。例如，如果用户正在编辑一个类，但是这个类的单词上涂着"别人的颜色"，代表别人也在更改它，用户就可以立即感知到此信息，及时与其他成员进行沟通，避免发生冲突。

桶视图（Buckets View）。桶视图如图 2-23 所示，项目中的实体被显示为图中的"桶"（bucket），这些桶由呈现为小方块的单个更改逐步填充，每个小方块的颜色表示负责该更改的开发人员。小方块按照更改的时间顺序排列，因此较旧的更改位于桶的底部，而较新的更改位于顶部。每个桶的顶

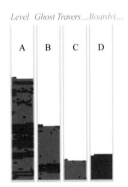

图 2-23　桶视图

部为对应的类的名称，并根据拥有该代码的开发人员着色。在这种情况下，所有权定义为执行最多更改的开发人员。通过该视图，用户可以了解负责每个类的团队成员，以及每个团队成员的贡献度。

资源管理器装饰。Scamp 在 Eclipse 的资源管理器中以小注释的形式提供了装饰，以显示项目中的文件"正在发生什么事情"（见图 2-24）。注释形式共有三种：叠加图标、箭头、文本注释，分别对应图 2-24 中的 A、B、C。叠加

图 2-24　资源管理器装饰

图标 A 表示自开发人员开始该任务以来，被任何人更改过的文件。箭头 B 位于文件图标和文件名之间，如果文件是由用户自己更改的，则箭头上升（∧），如果最后一个更改文件的人是其他团队成员，则箭头下降（∨），且在文件名后显示文本注释 C，即更改的成员姓名和时间戳。

　　通过轻量级可视化插件 Scamp，开发人员能够快速实时感知系统开发中正在发生的情况，Scamp 可以提高开发人员的团队意识，帮助分布式协作软件开发团队协调其活动，避免重复工作，并减少代码合并冲突。

移动设备感知工具

　　许多研究者设计开发了支持分布式协作软件开发的群体感知工具，帮助开发团队实时感知相关信息。伴随着移动应用的普及，陈（M. Y. Chen）等在移动设备上应用可视化技术支持持续性的群体感知，将感知服务从电脑桌面扩展到移动平台，以促进软件开发团队的同步协作感知（Chen et al., 2015）。该移动设备感知工具共支持三种视图：概览视图、详情视图、开发者视图。

概览视图。概览视图提供关于项目整体情况的感知信息，如图 2-25 所示。该视图以白色或灰色为背景，画出垂直和水平的黑线网格，拼接出矩形块。在图 2-25（a）中，每个矩形网格表示项目中的一个类，矩形内的颜色条代表该类被更改的方法。图 2-25（b）则显示类中使用最多的更改方法，不同的颜色表示不同类型的更改（修改——白色、编辑——灰色、冲突——红色、添加——蓝色、删除——黄色）。为了方便开发人员清楚地识别项目中的主要类，使用一个小的黑色三角形来标记方法变更比例较高的类。此外，该视图支持交互操作，用户点击网格，可以看到相应类的详细信息［图 2-25（c）为放大的细节信息框］，信息框中的条形图表示团队成员对该类的贡献情况，以此促进用户的感知和参与。

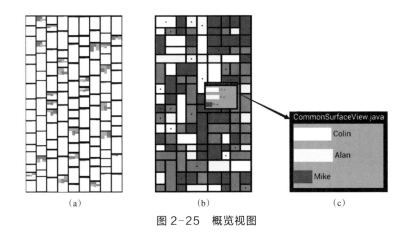

图 2-25　概览视图

　　详情视图。考虑到层次信息和移动设备屏幕的特点，采用树状图可视化技术，在垂直方向划分屏幕，根据项目的层次结构来显示信息，如图 2-26 所示。在详情视图中，改变模式信息用不同的图标表示，如图 2-27 所示。图 2-27（a）中的图标表示一个新文件，图 2-27（b）中的图标表示该文件已被删除，修改后的文件用图 2-27（c）中的图标标记，有冲突的文件用图 2-27（d）中的图标表示，图 2-27（e）中的图标表示开发人员正在编辑文件。此外，每个图标的颜色表示更改的严重程度，例如，冲突图标是红色的，这表示需要用户重点关注。每个文件节点旁只显示最近对其进行更改的人员，点击相应的文件节点，则可以看到更多关于该文件的协作信息，如图 2-26（c）所示，弹出窗口包括开发人员姓名、操作时间、标记图标，同时用户可以与他们即时通信（电话、短信、电子邮件）。

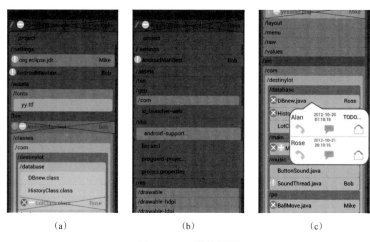

(a)　　　　　　　　(b)　　　　　　　　(c)

图 2-26　详情视图

(a)   (b)   (c)   (d)   (e)

图 2-27　表示不同的变化和工作模式的图标

开发者视图。开发者视图可帮助项目经理实时感知开发团队成员的活动信息。如图 2-28 所示，所有团队成员的名字都在手机屏幕上垂直显示，点击相应成员姓名，则显示该成员的详细开发活动，包括其贡献、开发的文件名及更改类型。该视图也同样支持即时消息传递，可以给开发人员打电话、发送短信或电子邮件。该视图可以帮助项目管理人员感知团队成员的工作负载或问题，以随时进行计划或协调。

图 2-28　开发者视图

通过上述三种视图，该移动平台感知工具可以帮助软件开发团队随时随地感知协作信息。它可以作为计算机感知系统的补充，弥补其在持续感知方面的不足，进一步提高团队的软件开发效率。

协作写作

协作写作是最常见的小组任务之一，莱（M. M. Lay）等人将其定义为在共同文档的创造和修改过程中，具有不同能力和职责的共同作者之间进行互动的过程（Schlichter et al.，1996）[199-218]。协作写作工作包括几个共同作者在同一时间或不同时间在同一地点或不同地点一起工作。在协作过程中，感知并理解小组其他成员的角色、活动和意图是团队协作的基本要求（Carroll et al.，2003），这在面对面协作中相对容易做到，但在分布式协作写作中，团队成员建立并保持对小组意识的感知要困难得多，因此他们很难协调各位成员的意见来实现一个共同目标，也很难知道其他团队成员在写作过程的不同阶段在做什么。为了有效地促进协作写作，很多提供群体感知信息的在线协作写作工具应运而生。

谷歌文档可视化系统

从撰写学术论文到撰写项目提案、报告，许多职业场景中都经常需要协作写作。随着协作写作在生活工作中越来越普遍和重要，Word 和谷歌文档也逐渐具备了支持协作写作的各种功能，例如，Word 使用不同颜色来表示不同用户编辑的内容，也支持在侧栏进行批注，谷歌文档则可以查看修订历史，并且可以恢复到某个修订版本。但是，当协作人数增多，且同时协作时，编辑记录则会随之激增，甚至堆积混乱，用户就很难清晰地感知到团队成员的相关信息。

王（D. Wang）等人设计开发了一个通用的、交互式的谷歌文档修订历史可视化系统 DocuViz（Wang et al., 2015）[1865-1874]，如图 2-29 所示。图中每一列代表当时历史版本的文档，颜色表示各文本片段的作者，列的高度表示文本量，在左侧可以看到对应的字数，顶部为当时编辑的时间以及代表当前工作用户的颜色小条，清晰地表明谁在该时间编辑了文档。连续的列表示从左到右移动的时间，列之间连接的部分帮助用户跟踪文本随时间的变化情况，开口代表新增，收缩则表明删除，用户可以轻松地感知到文本各部分的变化。视图左下角则显示了最终文档中每个作者编辑的字符数，可以看出团队成员在该任务中的贡献量。此外，该系统支持用户交互，将鼠标悬停在工具条上

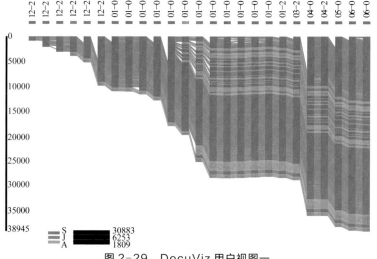

图 2-29 DocuViz 用户视图一

就会显示该片段的文本内容。

DocuViz 提供两种类型的视图，可以发现，图 2-29 中的列为等距的，而另一类视图中的列在时间上是线性的，如图 2-30 所示。该视图能够帮助用户更加清晰地感知任务随时间变化的情况，例如图中在任务末尾时间段，各成员操作频繁，文本量也迅速增加。该视图还可以帮助团队成员注意到协作中有争议的地方，当用户发现某时间段内几位成员不断对某一部分内容进行修订，表明团队内存在争议或矛盾，可以采用会议讨论等方式进行及时协调。

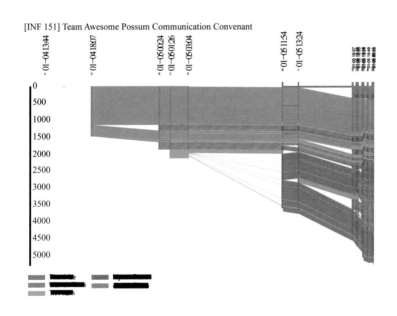

图 2-30　DocuViz 用户视图二

课堂在线协作写作

协作写作可以帮助学生基于共同的目标开展合作，激发学生的创造力和批判性思维（Hodges，2002），提高学生的写作技能，因此被大量应用于课堂教学中（Olson，et al.，2017）。西南大学教育技术学科团队基于 Etherpad 工具设计开发了基于 Web 的在线协作写作系统 Cooperpad，该系统具有群体感知功能，能够不断收集团队成员的写作行为数据，并将数据进行分析和可视化后反馈给用户，帮助教师和学生轻松地感知小组的协作情况（Liu et al.，2018）。

Cooperpad 系统提供的感知信息包括组内感知信息和组间感知信息，如图 2-31 所示。该图为某协作项目的屏幕截图，屏幕中间为文本编辑器，由小组成员协作编写，不同的颜色代表不同的组员，这样可以清晰地识别各部分内容由哪位组员编写。屏幕左侧显示小组每个成员的专注度，使成员能够将自己的专注度与小组其他成员进行对比。组间感知信息则显示在屏幕右侧，包括各小组的时间信息和字数信息，柱状图中的三个柱分别代表最高的小组值、平均值以及本组值。基于这几个柱状图，小组成员可以感知

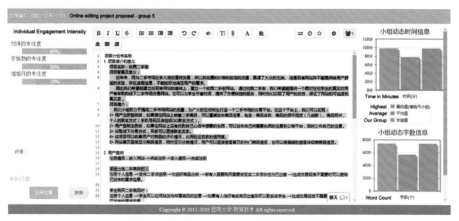

图 2-31　Cooperpad 系统屏幕截图

到本组水平与班级最高水平和平均水平间的差异。随着协作的进行，系统的可视化内容会不断更新，为用户实时提供认知感知、行为感知和社会感知信息。

为了验证系统的使用效果，研究者将其应用于某大学本科三年级学生的课堂中，发现该群体感知工具有利于提高学生的参与度，激励小组成员完成协作任务，且当协作任务较困难时，该系统能提高小组的写作质量。

应急管理

应急管理领域的复杂任务的决策通常会涉及许多来自不同知识领域的人员的团队协作，比如：消防员、警察、医疗人员等等，他们需要收集和分析各种信息，然后综合各领域特定的信息后做出决策。然而，各个专业小组平常很少会全部聚集在一起进行模拟练习或紧急演练，因此在实际紧急情况下往往不能很好地协作，难以快速有效地进行协调并达成共识。在任何协作中，向团队成员提供感知信息都非常重要，要让团队成员知道谁在协作以及其他人都在做什么（Dourish et al., 1992）[107-114]。群体意识对于应急管理领域的协作同样重要，因此需要特定的工具来帮助应急管理团队共享、分析、综合各个专业知识领域中的可用信息，并保持对他人活动状态的了解。

曾有专家对宾夕法尼亚州中部的应急管理团队的知识共享过程进行研究，发现从事应急管理工作的团队经常需要就地理空间信息进行协作（Schafer et al., 2007）。比如在地震、洪水等自然灾害发生后，周围环境往往变得混乱，这时就需要在地图上标记出所有的交通情况以及附近的医院情况，以便团队快速找到最优营救方案。再比如紧急疏散大量人群，需要工作人员在地图上共享自己所在位置的人员密度和道路情况，从而找到适当的疏散路线（Antunes et al., 2009）[278-294]。为了解决分布式群体应急管理中的协作意识问题，吴（A. Wu）等人设计开发了一个基于角色的多视图协作系统，使用地图和活动可视化来帮助团队成员分析地理空间信息，共享和集成关键信息以及监控个人活动（Wu et al., 2013）。

该系统基于谷歌地图，设计引入了多个基于角色的视图以及团队视图，每个团队成员使用两张地图进行数据探索：一张为个人地图（private map），其中包含特定角色的数据以用于个人分析；另一张则为共享地图（public map），供团队共享信息并制订团队计划。这两张地图的下方是一组支持协作和决策的工具，包括聊天工具、注释工具、时间表等。

聊天工具。聊天工具支持用户实时聊天、讨论。

标记和注释工具。在协作中，用户通常需要添加与某些位置有关的重要信息，可以平移或缩放地图，单机选择地图上的某个位置来添加注释，并可以将注释从个人地图复制到共享地图。

绘制草图。与注释功能类似，系统支持用户直接绘制草图，以及复制共享。注释和草图均根据创建者的角色进行了颜色编码。

注释图表视图。系统支持两类关于注释的视图，方便用户轻松地查看所需信息。一种是基于时间排序的注释表（sorting table），包括注释内容、标签、角色、时间；另一种为汇总注释图（aggregation chart），帮助用户从不同的维度感知成员的共享信息。

活动时间视图。团队成员借助活动时间视图，可清楚地知道各个专业小组分别在什么时候做了什么工作，以及贡献如何。

为了进一步帮助用户进行信息分析，该系统还设计了跨工具的信息表示方式。例如，用户在点击查看时间排序注释表视图中的第二条注释项内容时，除了该项内容的背景变为蓝色外，该注释在其他图表中相对应的内容也会突出显示，包括共享地图上的黄色聚焦注释、汇总注释图和活动时间视图中的深色菱形块。在不同的可视化工具中看到同一对象所在的位置，以此将各种数据关联起来，有助于用户从不同的角度和不同的环境感知信息。

协作设计

工程设计是一项信息量庞大的工作，设计师需要各种来源的信息和知识来支持其工作。设计过程中，设计师通常使用各种形式的知识，例如绘制草图、CAD 模型（计算机辅助设计模型）、计算表和模拟结果等。另外，一个好的设计在很大程度上取决于设计师具有的与设计策略有关的经验，这种经验通常被称为"内部知识"或"非正式知识"。因此，许多研究通过利用知识管理技术促进捕获和重用非正式知识，从而提高设计质量和效率。目前对于工程设计的知识管理研究通常分为两类，即个性化和编纂（McMahon et al., 2004），前者更多地关注非正式知识，强调一系列组织问题，例如分布式设计团队中设计师之间的交流，而后者则涉及技术问题，例如信息和通信技术（ICT）的应用。

此外，工程设计师之间需要交流协作。工程设计师之间的有效沟通可以帮助设计师建立起对问题的共识，促进知识传播，这是项目成功的关键（Dong, 2005）。此外，通信在工程设计的知识管理中也起着重要作用，它涉及丰富的环境信息，可以促进知识重用（Gopsill et al., 2013）。知识管理方面的合作不仅需要利用内部知识，还需要利用外部的知识资源（McAdam et al., 2008）。总之，工程设计的多学科（multi-disciplinary）、高度协作（highly-collaborative）和高度环境相关（highly-contextual）的性质决定了设计师在获取和共享知识方面的沟通与协作需要。

基于上述需求，彭（G. Peng）等人开发了一种表示集成知识空间的知识模型，该知识模型可以将几何模型、基于知识的分析代码以及解决问题的策略和过程相结合，开发者在此基础上构建了一个智能协作系统——集成知识管理系统（ICKM）。设计开发用于简化设计过程以及促进知识捕获、检索和重用的工具，可以为协作设计过程中具有各种角色的用户提供支持（Peng et al., 2017）。

在汽车设计和生产制造中，白车身轻量化设计是一项知识密集型的工作，其设计对象包括车身中所需焊接的各类结构件和覆盖件，如车门、前翼板、发动机罩等。并且，整个设计过程也比较漫长，需要经历汽车振动与噪声分析、拓扑优化、刚度分析、材料布局优化和耐撞性分析等阶段。显然，这是一个大型的项目，多学科的工程师只有在以上每一阶段中保持高效的协同交流和群体信息感知才能完成设计任务，尤其是在共同确定零件和材料的设计变量的过程中，不同的变量组合会带来不同的测试结果，稍有失误都有可能导致项目从头开始。

在彭等人开发的知识模型界面中，存在 6 个区域支持知识的群体感知、重复使用和组织管理，来帮助工程师对零件、材料的设计值进行协商。其中，视图 1 用于显示设计要求；视图 2 展示先前设计案例所使用到的各部件的图示以及知识记录；视图 3 显示设计过程中的知识组织与利用的记录以及白车身的部件图示，帮助工程师直观地理解设计过程；视图 4 显示所有设计变量值以及它们的更新情况；视图 5 用编程语言描述了设计任务的过程；视图 6 显示设计任务的相关资源和文档（见图 2-32）。

ICKM 系统能够支持不同角色的人员在同一工作空间中进行知识的创造，检索以往知识和协调各自的经验知识进行获取与重复使用，促进隐性知识和显性知识的交融与共同构建。这为不同学科的工程人员提供了高质量沟通交流的机会，减少了信息理解等问题造成的失误，使汽车设计和生产工作的效率获得明显提升。

图 2-32 ICKM 系统

群体感知的实践案例

案例一：学生阅读中的任务感知

对于协作学习而言，学习者需要明确个人与团队的目标和规划、任务的进展、成员的贡献以及评估的标准。下面将以上海市闵行区某小学四年级学生的一次阅读活动为例，说明群体感知如何应用于协作阅读活动。

本案例中的阅读活动共涉及 40 名学生，他们被随机分为 8 组，每组 4—7 人。在 2020 年上半年新冠肺炎疫情期间，学校要求学生以小组的形式共同阅读书籍《细菌世界历险记》，并以小组为单位，发挥想象力，以细菌为主人公，共同编写一个故事，并通过绘画和文字做成图画书。由于新冠肺炎疫情，学生都各自在家，协作阅读活动在线上进行，共持续一个月。协作阅读活动实施过程如图 2-33 所示，包括讨论任务要求、制订小组目标和计划、共同阅读并准备作品、监控协作过程、反思评价表现、调节协作行为、展示作品及互评等。同时，在协作过程中，学生使用了一系列群体感知工具，包括阅读进度图、发帖时间散点图、发帖量占比图、社会网络图、雷达图等等。此外，学习者还利用了微信小程序"任务小组"，该工具具有发帖打卡和点赞评论功能，有利于学习者感知小组成员的协作状态，促进社会交互。

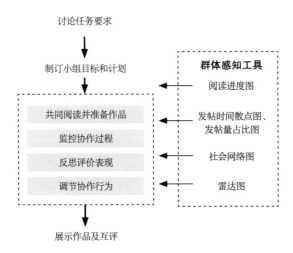

图 2-33　协作阅读活动实施流程图

阅读进度图

　　各小组制订好任务目标和计划后，成员开始按照计划阅读书籍。在这期间，根据各小组成员的阅读进度，绘制阅读进度图，展示小组成员的阅读情况，为小组成员提供认知感知信息，以便他们及时调整自己的阅读速度或小组修改任务计划。图 2-34 为某一小组在第一周的阅读进度

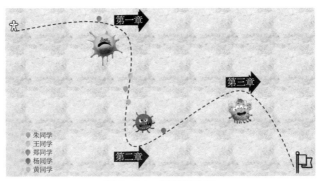

图 2-34　阅读进度图

图，可以看到，前期该小组中杨同学的阅读进度遥遥领先，但郑同学还没有读完第一章。在查看阅读进度图后，各成员表示后续将共同监督郑同学每天读书，督促他尽快赶上大家的进度。

发帖时间散点图

协作过程中，学习者使用"任务小组"小程序进行讨论交流，分享阅读感悟、任务进度、遇到的困难、心情感想等。基于小组成员的发帖时间，为其提供了发帖时间散点图，帮助他们感知成员的在线时间。图2-35为某小组的发帖时间散点图示例，从中可以发现小组成员主要的在线时间为9:00—11:00、19:00—21:00，其中李同学和陈同学最为活跃。

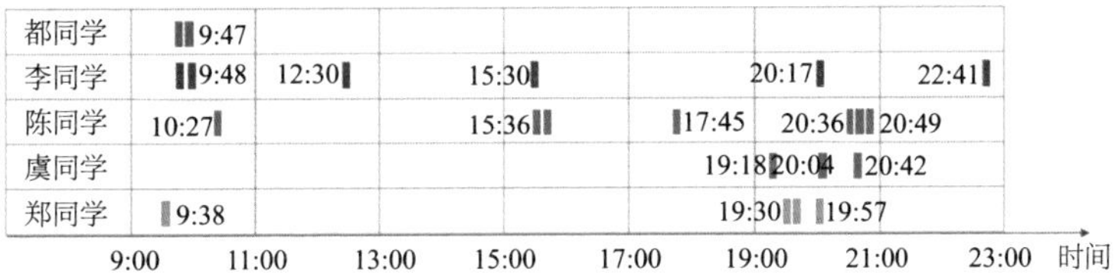

图2-35　发帖时间散点图

发帖量占比图

为了激发学习者参与的积极性，基于各小组每周在"任务小组"小程序中的打卡数量，得到了如图2-36所示的发帖量占比图，该图可呈现班级各小组发帖数量（左）以及小组内各成员（右）一周的发帖量，为学习者提供组内感知以及组间感知，以便于他们快速了解小组成员及小组整体在协作活动中的积极性和参与度。

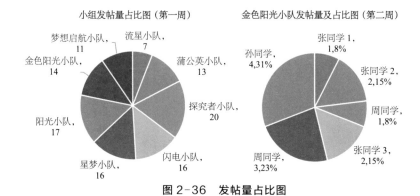

图 2-36　发帖量占比图

社会网络图

利用"任务小组"小程序中小组成员之间的评论交流
数据，绘制社会网络图来可视化呈现各小组的社会交互情
况，为学习者提供社会感知信息。图 2-37 为某个小组两周
的社会网络图（左图为第一周，右图为第二周），第一周内
小组成员交流状况一般，其中张同学和吴同学 2 比较积极
活跃，但在经过这一次反馈感知后，第二周该小组成员之
间的交流次数显著增多，尹同学进步尤其大，成为第二周
组内交流积极性最高的组员。

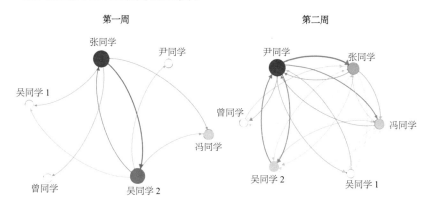

图 2-37　社会网络图

雷达图

在第三周，协作任务到了关键时期，此时小组成员之间有了更深的了解，各小组也都开始准备最终展示作品。在该阶段，教师利用菲利克斯等人提出的 Radar 工具，组织学生回顾最近的协作过程，对自己及小组成员进行评价，然后将收集到的评价结果绘制成雷达图反馈给学生，为其提供社会感知，促进学生反思自己的行为和表现，从而进行调节。图 2-38 为某一小组的雷达图示例。

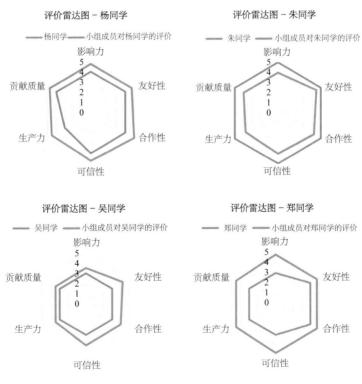

图 2-38　雷达图

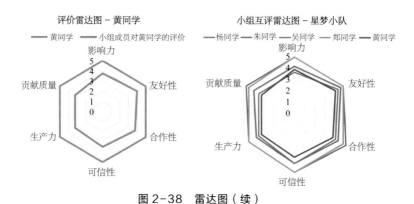

图 2-38　雷达图（续）

通过该案例可以发现，群体感知工具的应用对于协作学习而言具有显著的作用，它有利于学习者动态跟踪任务的进展和团队的协作状态，引导学习者调整学习策略。此外，群体感知还有利于教师挖掘、追踪与感知协作过程中的信息，以评估协作学习的成效。

案例二：协作中的社会网络感知

以关系作为基本分析单位的社会网络分析已经在社会学、管理学、教育学等诸多学科领域得到了广泛应用。本案例将基于社会网络的群体感知工具应用到协作过程中，如图 2-39 所示。协作过程包括任务理解、目标确定、计划、监控、评估等不同环节，通过收集协作者在协作不同阶段的数据，采用基本社会关系、群体凝聚力展示、多模社会关系、多维关系、角色位置展示等基于社会网络的群体感知工具，分别从群体交流模式、群体互动关系紧密性、多模关系相关性、不同维度相关性、个人或群体角色等方面，对协作群体进行评价与跟踪，帮助成员感知本人或小

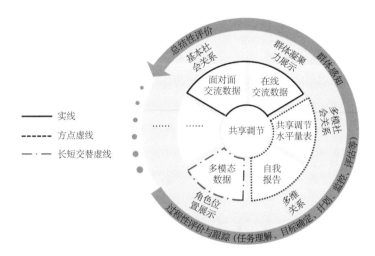

图例：
—— 实线
---- 方点虚线
—·— 长短交替虚线

图 2-39　基于社会网络的群体感知

组的协作情况，强化团队意识，提升协作成效。

　　下面将以华东师范大学教育信息技术学系学生的一次协作活动为例，详细说明整个活动的实施过程。本案例的研究对象为 2019 年秋季学期选修信息技术教学法课程的 26 位本科学生，全程采用小组协作形式（共 5 组，4—6 人一组）进行教师专业技能的训练，任务的要求是开展集体备课，撰写小组共同的教案，进行模拟授课，最后进行组间的展示与交流。集体备课过程中，小组成员需要采用线上线下结合的方式共同商讨备课主题、设置备课目标与计划、共同设计教案、反思备课过程、调整协作行为等。案例使用协作学习平台，为满足研究的需要，系统中嵌入了图 2-39 所示的基于社会网络的群体感知工具（包括基本社会关系、群体凝聚力展示、多模社会关系、角色位置展示），以加强学习者协作过程跟踪和群体感知。

本次协作活动的实施流程如图2-40所示，在提供相关共享调节支架（左侧虚线框部分）的基础上，还使用了几种不同的基于社会网络的群体感知工具。

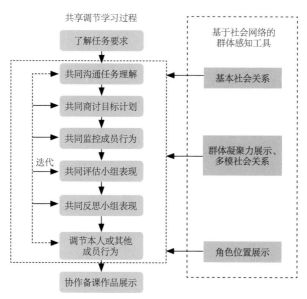

图2-40　协作活动流程图

基本社会关系

在协作活动前期，基于学生在之前协作活动中的在线交流数据，对他们的总体交互关系进行了编码分析，提供了成员开展在线交流的基本社会关系图，展示了全体成员和小组内部成员的总体交流协作情况（见图2-41、图2-42）。此外，在提供基本社会关系图的基础上，还提供了相应的交互网络密度表（见表2-1）。

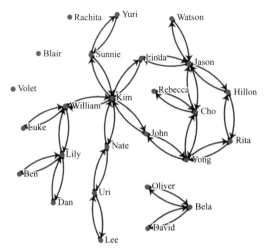

图 2-41 在线交流的基本社会关系（1）

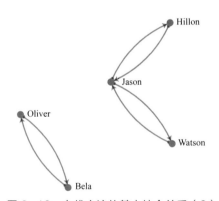

图 2-42 在线交流的基本社会关系（2）

表 2-1 全体成员在线交流网络密度

组别	组 1	组 2	组 3	组 4	组 5
密度	0.33	0.50	0.46	0.47	0.50

群体凝聚力展示

在协作活动中期，分别基于收集到的社会网络问卷中的认知维度关系数据（例如分享知识）、元认知维度关系数据（例如提醒小组进度、询问与任务有关的知识等）、动机和情感维度关系数据（例如被谁夸奖或批评），形成相应维度的社会交互网络，然后使用中心度测度分析成员之间的交流情况，最终形成小组成员在认知、元认知、动机和情感等不同维度的群体凝聚力展示图（见图2-43、图2-44、图2-45）。图中的圆圈代表成员，圆圈之间的连线代表成员之间的联系。圆圈越大，代表该成员的参与度越高；圆圈之间的连线越粗，代表成员之间的交流越多（交流频次或权值）。如图2-43展示了某小组在认知维度的群体凝聚力

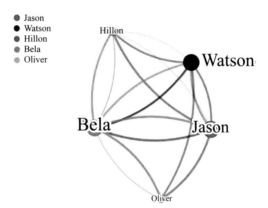

图2-43 认知维度的群体凝聚力展示

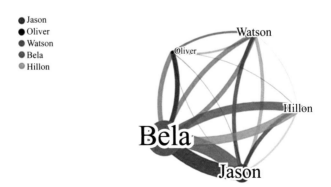

图2-44 元认知维度的群体凝聚力展示

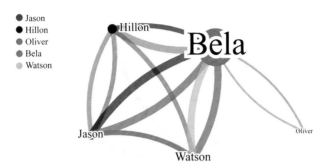

图 2-45　动机和情感维度的群体凝聚力展示

情况，其中，Bela、Watson、Jason 作为小组成员，在与其他成员开展知识交流时参与度相对较高，圆圈相对较大。

多模社会关系

同时，基于社会网络问卷中的二模交互网络信息，提供协作备课过程中的多模社会关系图，展示成员参与不同事件（例如分享与备课相关的知识）的情况。如图 2-46 所示，该图中，圆圈代表成员，方框代表事件，当圆圈和方框之间有连线时，代表该成员参与了该事件。方框越大，代表有越多成员参与该事件。

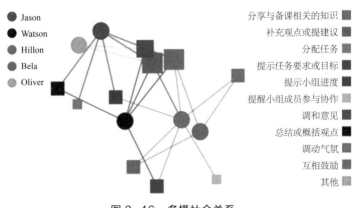

图 2-46　多模社会关系

角色位置展示

协作活动后期，基于面对面交流数据，提取其中的对话网络信息（提问－回答），编码形成对话交互网络矩阵，对该矩阵进行角色－位置分析，为学生提供角色位置展示图。图 2-47 展示了某小组成员在在线交流过程中出现的三种不同的角色：核心角色、半核心角色、边缘角色。三种角色代表成员的影响力依次降低。例如，Jason 是该小组的核心角色，说明 Jason 在小组协作交流中处于核心位置，常常督促其他成员参与协作活动，拥有较大的影响力。

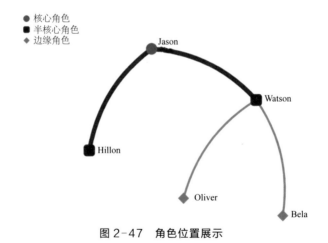

图 2-47　角色位置展示

通过该案例可以发现，基于社会网络的群体感知工具能够对成员之间的调节状况进行阶段性跟踪与过程性评价，帮助成员感知群体内部的交互情况以及本人或小组的协作情况，有效提高协作者的参与度和群体的共享调节水平。

三 智能群体感知

虽然许多群体感知工具开始引入数据挖掘等智能技术，但是大多数群体感知还停留在可视化展示阶段，在协作过程中向参与者提供无差别、直观的协作过程信息。随着自然语言处理、知识图谱、机器学习和深度学习等人工智能相关技术的发展，群体感知工具可以借助各种智能技术拓展感知的内容、优化感知的手段、丰富感知的形式。引入人工智能技术，可以拓展群体感知工具的应用领域，丰富其应用模式，同时也对系统的功能提出了新的要求。

智能群体感知的概念框架

正如前文所述，群体感知信息可以分为认知信息与社会交互信息两类。认知信息即认知层面的感知信息，包括成员的知识、技能、观点等方面的信息（Bodemer et al.，

2018）[351-358]。社会交互信息即社会、情感和动机层面的感知信息，包括成员之间的行为、情感以及动机等方面的信息。而从信息复杂度角度，又可以将群体感知信息划分为显性信息与隐性信息两种。显性信息即外显的、清晰简单的感知信息，往往使用较为简单的数据分析方法就能展示，也容易被成员理解。隐性信息指内隐的、复杂的感知信息，一般来讲成员无法直接感知，需要使用较为复杂的分析方法辅助，例如文本挖掘、交互分析等，以提供协作群体隐含的协作情况。

早期的群体感知工具，如博客、社会性阅读平台、问答平台等并不明确地提供感知信息，而是在协作过程中，通过展示协作群体的知识交流情况，帮助成员了解当前小组的协作进展。此外，它们还关注协作过程中的显性社会交互，如在线交流网络、情感和行为的交互状态等等。这类工具展示的是简单明了、易于理解的群体感知信息。

近年来，智能技术开始融入群体感知工具，很大程度上促进了参与者对协作过程中产生的隐性认知与社会交互信息的感知。例如：尔肯斯等人设计的群体感知工具GRT，使用了文本分析的方法，将协作过程中的生成性内容划分为不同知识主题，并向学习者提供可视化感知；罗林等人借助认知网络分析方法，展示了协作群体的认知发展情况。

然而，这些工具应用的智能技术相对单一，感知的内容也仅为一两个维度的。随着人工智能技术的不断发展，让计算机来模拟、延伸和扩展人的感知能力的智能技术得到了很大的发展。自然语言处理、知识图谱、机器学习和深度学习等人工智能相关技术的研究与应用，能为设计和开发多目标维度、多技术手段的智能群体感知工具提供强大的技术支持。这里，以华东师范大学协作学习平台 Co-learning 中的群体感知模块为例，介绍如何借助人工智能领域的相关技术，促进协作过程中隐性认知与社会交互信息的感知，相应的概念框架如图 3-1 所示。

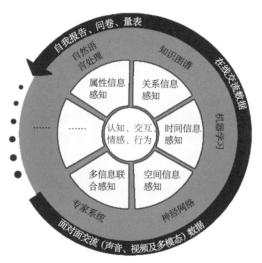

图 3-1　智能群体感知工具的概念框架

首先，工具需要收集协作过程中的各类数据，包括能够直接用来分析并提供可视化感知的学习者自我报告、问卷、量表等数据，在线交流数据，或处理和分析起来难度更大的面对面交流数据（含声音、视频及多模态数据）。

其次，对来源复杂的数据，为了提取其中的隐性认知及社会交互信息，借助自然语言处理、知识图谱、机器学习、神经网络及专家系统等手段，挖掘其中的群体感知信息。感知方式可能是属性层面（如观点的提取和统计）、关系层面（如成员间的互动交流）、时间层面（如成员交流过程中的情绪变化）、空间层面（如在在线交流平台上讨论了一会儿后又去协同工作空间中完成共享作业）的，当然还可能包含以上多种感知层面的结合。感知的最终目的是向协作者揭示协作过程中的隐性信息，提升协作水平。

典型智能技术在群体感知工具中的应用

根据图 3-1 所示的框架，针对多种不同的感知信息来源，将自然语言处理、知识图谱、机器学习等不同的技术嵌入感知工具中，从而使隐性信息的感知成为可能。

自然语言处理

群体感知中的自然语言处理

随着人工智能技术的不断发展，让计算机去"理解"和"展现"文本背后的含义，已经开始成为可能，而自然语言处理技术就是实现这种可能的关键手段之一。自然语言处理主要应用于机器翻译、舆情监测、自动摘要、观点提取、文本分类、问题回答、文本语义对比、语音识别、中文字符识别等方面（郑树泉 等，2019）[111-112]。对于群体感知而言，主要是利用自然语言处理技术进行观点提取和情感分析，以实现面向认知和情感的智能群体感知。

在信息爆炸的时代，我们无法全面接收所有信息，需要从中筛选出一些有用的信息，关键词提取就是一个很好的方法。类似于其他的机器学习方法，关键词提取的算法也可以分为有监督算法和无监督算法两类。有监督算法精准度较高，但缺点是需要大批量的标注数据，人工成本过高，而无监督算法对数据的要求就低多了。目前较常用的无监督关键词提取算法有 TF-IDF 算法、TextRank 算法和主题模型算法（包括 LSA、LSI、LDA 等）。Co-learning 平台参考了尔肯斯等人设计的基于文本分析的群体感知工具 GRT，对协作过程中的生成性内容（例如文章、报告等）进行文本分析，划分生成性内容中的不同知识主题，并向学习者提供可视化感知。该工具使用了 LDA 关键字提取算法提取文本的主题，以此作为可视化表示认知信息的基础。

文本情感分析（Sentiment Analysis，SA）则是指利用自然语言处理和文本挖掘技术对带有情感色彩的主观性文本进行分析、处理和抽取的过程。通过自动分析网络交流的文本内容，挖掘评论用户的褒贬倾向，提取出用户在评价文本中所表达的情感态度。近年来，国内多家开放 AI 平台（如腾讯、百度、科大讯飞等）提供了文本倾向性分析服务，通过调用相应的编程接口，可以快速判断人们的看法或评论中的情感因素。Co-learning 平台参考卡瓦列等人设计的情感感知工具 CC-LR，借助百度 AI 开放平台提供的自然语言处理技术应用编程接口，向学习者提供面向社会 – 情感的群体感知的功能。

面向认知的应用

早期面向认知的群体感知关注群体成员的知识水平、

技能，以及与任务有关的先验知识（李艳燕 等，2019），注重群体知识的外化，往往直接提供成员讨论的知识信息。后来，出现了以 KF 平台为代表的知识建构平台，开始逐步关注知识在群体内的传递和群体共同构建知识的过程。这类工具只是以直观的形式提供感知信息，分析方式较为简单，主要通过简单的线性排列（如依据时间顺序排列发帖－回帖内容）或直接展示（如呈现每位成员的思维导图或呈现帖子间的交互网络图）的形式为协作群体提供感知信息。因此，这类感知工具在很大程度上只能展现显性认知信息，对于隐性认知信息无法深入挖掘和展现。借鉴尔肯斯等人的 GRT 工具设计思路，基于主题的认知感知可以进行以下两种设计。

第一种，协作成员观点识别与组内感知。相应的应用场景是课堂学习，例如，学生围绕"学习人工智能的好处"展开讨论，要求所有学生在线交流，表达自己的观点。工具收集学生的回答，利用 LDA 算法抽取出所有有价值的观点，共 10 个：培育空间感、锻炼逻辑思维能力、提高科学素养、为未来打下坚实基础、提高分析和解决问题的能力、锻炼意志品质、培养探索能力、培养动手能力、培养创造力、促进学业进步。然后，在协作小组内部提供可视化的智能群体感知信息，使组内每个成员能清楚地获得同伴针对这一问题的认知情况。

如图 3-2 所示，在某个协作小组内部，根据组内成员针对这个问题的回答，将主要信息输出到感知窗口中。窗口左侧列出了每位成员回答的文本内容，右侧则可视化地输出了小组内部产生的观点情况。该组中 5 名成员共生成了 6 个观点，每个观点以不同颜色的圆表示，圆的大小代表了该观点在本组中出现的频次。

请谈一谈学习人工智能的好处

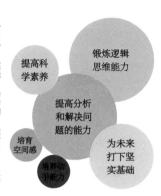

组员 1：在人工智能机器人的搭建过程中，我通过学习了解了很多有关结构的学问，提高了自己的空间联想能力和动手能力，不仅如此，我还通过课程提高了科学素养，相信这些内容能在未来的学习中给予我很大的帮助。

组员 2：人工智能课程中，编写程序是必不可少的，我需要通过严谨和周密的思考来完成任务。我认为思考过程既锻炼了我的逻辑思维能力，还提高了我分析和解决问题的能力。

组员 3：人工智能学习中会综合学习到很多机械、电子、工程、自动化、数学、计算机软硬件、系统方面的概念和知识。这些知识能帮助我们提高科学素养。除此之外，还能锻炼我们的逻辑思维，提高我们解决问题的能力。

组员 4：学习人工智能可以使我们对于未来科技发展趋势有更深的理解，运用这些知识，能提高分析和解决问题的能力，为今后的学习打下坚实基础。人工智能的学习能帮助我提高分析问题的能力，锻炼自己的思维。

组员 5：人工智能的学习是一个探索进步的过程，当遇到问题的时候，只有认真分析找出问题出现的原因才能不断改进方法，获得成功。在这个过程中，自身的逻辑思维也能得到提升。

图 3-2　协作成员观点识别与组内感知

第二，协作小组认知分析与组间感知。同样的场景，假设该班级共有 15 名同学，分 3 个小组，每组 5 人。之前已经将对该问题的回答通过 LDA 算法划分为不同的观点，并在小组内提供了可视化的组内感知。为了进行组间比较，可以采用如图 3-3 所示的感知窗口，展示经过分析和统计

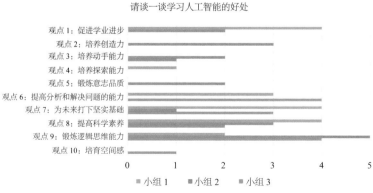

图 3-3　协作小组认知分析与组间感知

的所有组的认知情况。该窗口比较和展示了不同小组间的认知差异。其中，X 轴代表某个观点出现的次数；Y 轴代表所有学生生成的观点。

面向社会－情感的应用

协作过程除了成员之间的知识交互与共创，还涉及成员间的社会交互。如前文所述，早期的群体感知工具已经关注到协作过程中的显性社会交互。依据社会交互的不同维度，可以将这些工具分为三类：社会－交流感知工具、社会－情感感知工具、社会－行为感知工具。

传统的社会－情感感知工具中的信息大多通过用户直接自述的方式收集。例如，莫里纳里等人设计的群体感知工具 EAT，通过学习者自我报告的形式记录其情感状态，并分享给组内其他成员。拉沃等人设计的群体感知工具 Visu2，通过学习者在在线视频会议过程中记录其情感状态（积极／消极）并添加注释，来促进成员间彼此感知情感和动机的发展变化，从而促进小组的集体反思。此类方式收集来的情感信息仅反映了参与者对自身情感的主观认知，较难揭示协作过程中一些隐性的情感状态。

随着智能技术的应用，一些曾经难以深入挖掘和展现的隐性互动信息也可以被及时反馈和可视化，从而更进一步地促进成员彼此感知，调节团队内部的交流氛围。通过借助通用 AI 开放平台提供的情感倾向分析的编程接口，能对只包含单一主体主观信息的文本进行自动情感倾向性判断（积极、消极、中性），并给出相应的置信度。

卡瓦列等人设计的情感感知工具 CC-LR 以形象的卡

通人物造型以及面部表情图标来呈现对于情感的感知信息，每一种图标代表学习者不同的情感状态。该工具的设计目标虽然并未真正围绕学习者间的情感感知，但是系统的反馈功能及界面设计具备了群体感知的功能和作用。受该工具的启发，Co-learning 中的智能群体感知模块可用于以下两个不同的场景。

一是提问场景下的情感倾向性分析与感知。假设在一轮小组协作任务完成后，教师通过群体感知工具向每个协作小组内的每位成员提出了问题："请对你们组的协作氛围进行描述，可以从是否关心和尊重成员想法、合作是否融洽、沟通是否顺畅等方面进行描述。"在所有成员回答后，提供实时的群体感知信息，不光让每个成员了解同伴的回答内容，还可让他们直观地看到每个人回答时的情感状态。

图 3-4 展示了提问场景下的情感感知窗口。窗口左侧列出了每位成员回答的文本内容，右侧则可视化地输出了对应成员回答该问题时的情感状态，并以积极、较积极、

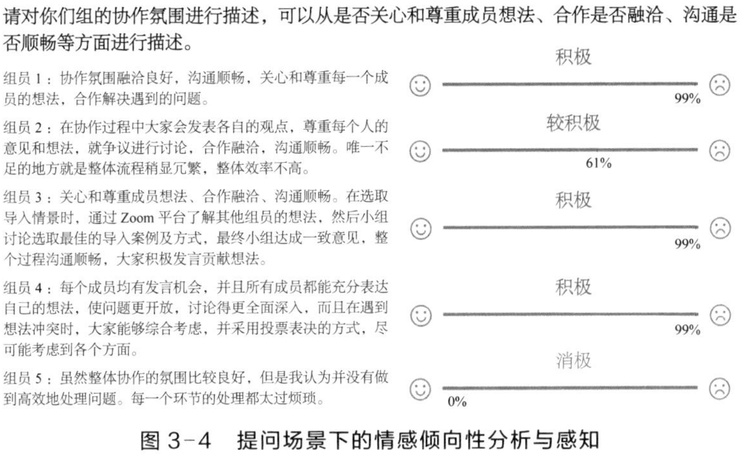

请对你们组的协作氛围进行描述，可以从是否关心和尊重成员想法、合作是否融洽、沟通是否顺畅等方面进行描述。

组员1：协作氛围融洽良好，沟通顺畅，关心和尊重每一个成员的想法，合作解决遇到的问题。

积极
99%

组员2：在协作过程中大家会发表各自的观点，尊重每个人的意见和想法，就争议进行讨论，合作融洽，沟通顺畅。唯一不足的地方就是整体流程稍显冗繁，整体效率不高。

较积极
61%

组员3：关心和尊重成员想法、合作融洽、沟通顺畅。在选取导入情景时，通过 Zoom 平台了解其他组员的想法，然后小组讨论选出最佳的导入案例及方式，最终小组达成一致意见，整个过程沟通顺畅，大家积极发言贡献想法。

积极
99%

组员4：每个成员均有发言机会，并且所有成员都能充分表达自己的想法，使问题更开放，讨论得更全面深入，而且在遇到想法冲突时，大家能够综合考虑，并采用投票表决的方式，尽可能考虑到各个方面。

积极
99%

组员5：虽然整体协作的氛围比较良好，但是我认为并没有做到高效地处理问题。每一个环节的处理都太过烦琐。

消极
0%

图 3-4　提问场景下的情感倾向性分析与感知

中性、较消极、消极五种量化形式进行标注。

利用上述情感倾向性分析与感知方式，可以直观地了解组员在协作过程中对某件事情的态度，或者对其他成员的态度。例如，通过问题"请你谈一谈不同成员对这次协作任务所做出的贡献"来提供可视化的情感感知信息，使每个成员了解别人对自己所做贡献的态度。又如，通过问题"你认为邀请一线教师来参与最终的成员点评，对最终成果的推进能够起到什么样的作用"来提供可视化的情感感知信息，使每个成员了解大家对某一件事情的态度。

二是在线交流场景下的情绪识别与感知。面向教育教学类文本的情感分析多集中于上述情感倾向性分析研究（Colace et al.，2014；Ortigosa et al.，2014），很少涉及多级情感分类（喜、怒、哀、乐等）研究。李慧（2021）通过分析学习者的中文学习体验文本，将学习体验语料分为8 类（高兴、喜欢、愤怒、悲伤、恐惧、厌恶、惊讶、无情感），实现了段落级 / 篇章级文本的情感分析。多级情感分类能更准确、细致、多角度地刻画学习者的真实情感，因此针对交流过程可以设计面向情绪识别的智能感知。

前已述及，百度 AI 开放平台提供的情感倾向分析接口，除了能提供积极、消极、中性的自动情感倾向性判断外，还能针对用户日常沟通话语背后所蕴含的情绪，自动识别出当前会话者所表现出的情绪类别，不但能提供会话文本中的正向、负向和中性情绪的判断，还细分了在通用、客服、闲聊及任务等不同的场景下的情绪识别。因此，可以借助这类 AI 开放平台，提供在线交流的对话情绪识别与感知。例如，在闲聊场景中，平台提供了正向的喜爱、愉快情绪，负向的愤怒、厌恶、恐惧、悲伤情绪，以及中性情绪，共 7 个细分情绪类别。

图 3-5 展示了在组内成员的一次主题讨论中，系统在后台自动对成员的话语进行的情绪识别，系统以表情图标的形式向所有参与讨论的成员提供可视化感知。

人工智能能否替代人类?

人工智能发展到现在日渐成熟，并已掌握了一定的学习能力，应用领域也不断扩大。未来的人工智能不是人的智能，但能像人那样思考，也可能超过人的智能。若真发展到这一步，那是不是能够代替人类，甚至发展成新人类呢?

 写回答　　　　　　　　　　　👍好问题 3　💬添加评论　✈分享

👤 王同学　　　　　　　　　　　　　😐 中性情绪

目前在一些任务上面能够达到或者部分代替人类，比如车牌识别、人脸识别、普通话的语音识别、OCR 等，但在大部分任务中与人类相去甚远，所以大可不必担心。

编辑于 2020-04-22

💬 收起评论　✈分享　★收藏　♥喜爱　…

2 条评论　　　　　　　　　　　　　⇄切换为时间排序

　　👤 张同学　　　　　　　　　　😞负面情绪：愤怒
　　　你真是杞人忧天!
　　　👍赞　　　　　　　　　　　　2020-12-04

　　👤 吴同学　　　　　　　　　　😊正面情绪：喜爱
　　　人工智能能帮助我们做很多事情，这多棒呀!
　　　👍1　　　　　　　　　　　　2020-12-04

写下你的评论…　　　　　　　　　　　　　😊

图 3-5　单帖情绪识别与感知

同时，还可以在当前讨论主题下，可视化输出所有参与讨论者的话语情感统计频次，如图 3-6 所示。

此外，还可以生成每个参与者在交流过程中的情绪变迁图，如图 3-7 所示。该图展示了协作团体内的每个参与者在针对某个主题进行交流的过程中的情绪变化状态，以此反映出每个成员的情绪特征。通过点击某个成员在图上的时间节点（即彩色小圆点），可以跟踪到其对应的话语信息，从而发现一些交流过程中的特殊事件，以此提醒组内成员调节协作进程。

人工智能能否替代人类？

■王同学 ■吴同学 ■陈同学 ■李同学 ■许同学 ■张同学

图 3-6　主题情绪识别统计

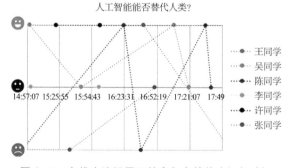

人工智能能否替代人类？

图 3-7　在线交流场景下的参与者情绪变迁与感知

从图 3-7 可以看出，陈同学的情绪起伏比较大，经常出现从大喜到大悲又转回大喜的状态；张同学总是抱有一种较为悲观的态度，其他同学则基本上是持乐观的态度。从图上还可以看出，王同学的前 3 个帖子都带有积极的情绪，但是在发第 4 个帖子时突然变得消极。这种协作过程中情绪上的突然变化可能是由交流过程中的某个事件导致的，若能被及时地感知，可以提示小组成员做出适当调整，这在一定程度上能促进学习者的自我调节和小组的协作。

知识图谱

知识图谱的表征

知识图谱可以看作是一种大规模语义网络，包括实体（entity）、概念（concept）及其之间的各种语义关系。语义网络通过节点、边，以图形化的形式表达知识。

知识图谱在语义网络中通常用万维网联盟（W3C）提出的资源描述框架（Resource Description Framework，RDF）来表示。RDF 用（实体 1、关系、实体 2）、（实体、属性、属性值）这样的三元组来表达事实。例如：图 3-8 所示的知识图谱以三元组（华东师范大学、前身之一、大夏大学）表示关系，以三元组（北京师范大学、所在地、北京）表示属性。在实际应用中，我们经常通过预先定义的语义关联将三元组数据转换成一个或多个连通图，从而将知识图谱表示成一个大图。

知识图谱最常见的一种形式是有向图，该图直接由 RDF 数据转换而成。图 3-8 展示了这种三元组数据的有向图形式，展现了几所大学之间的关联和各自的特征。在这幅图中，每个实体或属性值构成了图上的节点，每个三元组作为连接主体及客体的有向边，而三元组中的谓词则作为有向图边上的标签。比起 RDF 数据本身，这种有向图形式的知识图谱模型更清晰地展示了通过语义关系建立起来的全局结构。

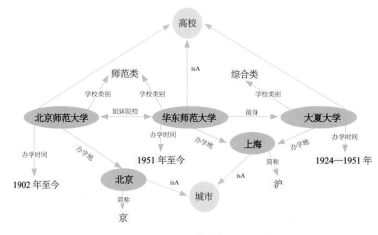

图 3-8　知识图谱的有向图形式

有向图模型可以很清晰地展现出概念、实体、属性之间的语义关系，是知识图谱的主要表达形式。但是这类图谱需要其他手段辅助，例如用社会网络分析对协作过程信息进行即时、自动获取。下面根据马科斯－加西亚等人提出的面向角色分析的群体感知手段，介绍如何利用知识图谱来实现面向社会－交流的群体感知。

面向社会－交流的智能感知设计

早期的社会－交流感知工具，以社会网络图的形式提供相关感知信息，能够以可视化的形式呈现小团体内部成员间的亲密关系、交流频次、交互程度等。卡迪马等人使用了 KIWI 系统收集并可视化协作群体的交互关系

（Cadima et al.，2010）。林等人则开发了 SNAFA 平台，用自我中心网络和整体网络两种形式，展示个人和群体在协作学习过程中的社会交互关系。然而，这些工具以自我报告的形式收集用户社会交互信息，存在两方面的缺点：第一，以个体为出发点收集网络数据，数据代表性不足；第二，收集数据的深入性与准确性取决于自我报告者的投入度。这两个缺点都可能导致数据丢失。对于主要数据是关系数据的社交网络分析而言，缺失的数据对结果的准确性甚至有用性都有很大的影响。

针对以上问题，施罗伊斯等人开发并使用了一种社会网络感知工具 NAT，采集教师在非正式学习环境下的线上、线下、问卷调查以及访谈等多种渠道的社会网络信息，并将感知到的信息以社会网络图的形式反馈给教师和学习者，帮助他们在非正式学习环境下感知彼此的社会网络关系。

尽管如此，此类工具所能提供的感知信息，从信息复杂度来看是相对显性的。随着智能技术的不断发展，协作成员在团体中的社会位置、所扮演的角色等隐性信息也可以通过群体感知工具被及时反馈和可视化。接下来，以基于语义网络的知识图谱作为智能技术手段，介绍面向角色的社会－交流智能感知是如何实现的。

首先是面向角色的知识图谱的构建。马科斯－加西亚等人以 45 篇文献为依据，梳理出 21 个学生角色和 5 个教师角色，并将其归为 7 类学生角色和 3 类教师角色。教师角色有指导者、调解者和旁观者 3 类；学生角色有领导者、协调者、推动者、活跃者、边缘者、沉默者和迷失者 7 类。

借助社会网络分析（SNA）手段来描述角色特征，主要是通过一系列的属性和 SNA 指标来表征某类角色。这些属性如表 3-1 所示。

表 3-1　描述角色特征的属性及 SNA 指标

属性	SNA 指标
参与度	点出度（out degree）、外接近性（out closeness）、外中心势（out centralization）、密度（density）
影响力	点入度（in degree）、内接近性（in closeness）、内中心势（in centralization）、权重（power）
中介能力	中间度（betweeness）

在线交流过程中，协作成员之间的交互情况可以通过图 3-9 所示的社会网络来可视化呈现。该网络以"人"为节点，以"人"与"人"之间的发帖-回帖为有向边，以相同"发-收"帖出现频率为有向边上的权。在图中，每个箭头旁边的数字表示该同学从"有向边"的另一端收到的帖子数量。例如，图中反映了王同学收到了来自李同学的 3 个帖子、来自赵同学的 2 个帖子；他自己又给李同学

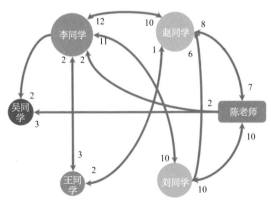

图 3-9　反映组内交互情况的社会网络图

发送过 2 个帖子，给赵同学发送过 1 个帖子。以此方式构造出来的社会网络，通过上述表 3-1 所示 SNA 指标，在参与度、影响力和中介能力上确定了每个参与者的协作角色。

接下来，我们以马科斯-加西亚等人定义的教师角色中的调解者和学生角色中的推动者为例，来介绍协作交流的过程如何通过知识图谱表达出来。

"教师-调解者"角色

教师角色有指导者、调解者和旁观者 3 类。其中，调解者主要监控学习活动并扮演学生的中介人，在遇到协作冲突时起调解作用，同时该角色还为学生提供答疑服务，鼓励学生并给予（或指示）必要的学习资源。根据安东尼奥（J.Antonio）等人的定义，描述"教师-调解者"角色特征的属性，根据其对应的 SNA 指标，取值范围如表 3-2 所示。

表 3-2　描述"教师-调解者"角色特征的属性取值

属性	SNA 指标	取值范围
参与度	点出度	M—H
	外接近性	M—H
	外中心势	M—H
	密度	M—H
影响力	点入度	L—M
	内接近性	L—M
	内中心势	—
	权重	M
中介能力	中间度	M—H

注：H、M、L 分别表示其对应的 SNA 指标值为高、中、低。

从表 3-2 可以看出，该角色主要监控学生学习活动并答疑。这些行动的强度将取决于学生的活动、向教师提出的问题的数量等。例如，如果总体活动很少，调解者将采取更多的干预措施，以促进学生参与。因此，该角色必须至少有中等的参与度，其"点出度"及"外接近性"指标应取值为中或高。而这种较高的"外接近性"又反映出较高的"外中心势"，同时，"密度"值表明，总体活动足以使其余的单个指标具有意义。因此，"外中心势"和"密度"这两个 SNA 指标应该取中或高值。关于"影响力"，它不能很高，因为调解者的干预是按需进行的，既是为了回答问题，也是为了给予帮助或鼓励。最后，调解者要具备中高水平的中介能力，因为他们要作为学生之间的调解人。

"学生 - 推动者"角色

学生角色有领导者、协调者、推动者、活跃者、边缘者、沉默者和迷失者 7 类。其中，推动者主动、活跃且富有责任感，他们不仅执行自己的任务，也推动同伴执行他们的任务，偶尔也会和协调者拥有相同的影响力。根据马科斯 - 加西亚等人的定义，描述"学生 - 推动者"角色特征的属性，根据其对应的 SNA 指标，取值范围如表 3-3 所示。

表 3-3　描述"学生 - 推动者"角色特征的属性取值

属性	SNA 指标	取值范围				
参与度	点出度	M	H	H	H	H
	外接近性	H	M	H	H	H
	外中心势	—	—	H	H	H
	密度	—	—	M—H	—	—

续表

属性	SNA 指标	取值范围				
影响力	点入度	M—H	M—H	M	H	M
	内接近性	M—H	M—H	H	M	M
	内中心势	—	—	M—H	—	—
	权重			M—H		
中介能力	中间度	—	—	L—M	—	—

从表 3-3 可以看出，该角色具有较高的参与度，因此，至少要保证衡量参与度属性的"点出度"与"外接近性"这两个 SNA 指标中的 1 个取值为高。这又有助于"外中心势"的取值升高。同时，"密度"指标应该取中或高值，这样网络中的整体活动就足以证明对其余指标的解释是合理的。就影响力而言，推动者会推动同伴执行他们的任务，因此，该属性的各项指标应该取中或高值。但是，这种影响力又不足以高过另一学生角色"领导者"。对于中介能力，该角色通常没有预定义的值，但是不能高过另一学生角色"协调者"，所以一般取值为低或中。

以类似的方法，通过各项 SNA 指标定义其他 6 种学生角色及 2 种教师角色特征的属性取值。

在一轮协作活动中，研究者把采集来的协作交流数据，以协作过程中的参与者（学生及教师）为节点，以任意两个人之间的互动为边（指单向互动构成的有向边），结构化成图 3-9 所示的社会网络形式。然后求出每个节点在网络中的各项 SNA 指标，并将这些指标和形如表 3-2、表 3-3 所示的角色特征的属性取值进行匹配，识别出参与者的角色类型。在此基础上，形成面向某个特定的协作过程参与者角色的知识图谱，图 3-10 显示了这个知识图谱中的一个片段。

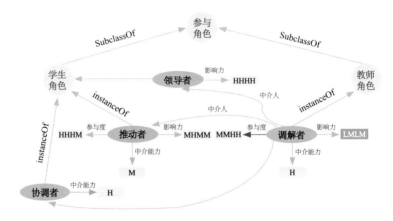

图 3-10　计算机支持的协作学习中参与者社会角色知识图谱片段

那么，如何利用该知识图谱来挖掘角色并向学习者提供智能化的感知信息呢？这里要将所有评论与回复的帖子，以参与者为节点，计算并可视化为如图 3-9 所示的社会网络结构。通过计算每个节点的 SNA 指标，对已形成的角色知识图谱进行搜索，找出与该节点所代表的参与者最相似的协作角色（即找出匹配的实体）。基于匹配结果，使用可视化的手段输出协作角色，使协作团队中的每个成员感知到自己和同伴的角色，并提供每种角色的"用户画像"，使参与者更加清楚地认识到自己和同伴在协作群体中的地位和作用，并对不同的角色进行推荐，从而实现基于知识图谱的角色推荐。

图 3-11 展示了一次在线交流后，利用角色知识图谱生成的组内成员角色信息，帮助每一位协作的参与者了解自己在群体中的地位和作用，从而进行相应的调节。

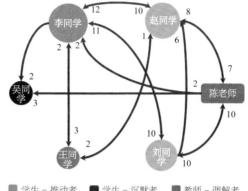

陈老师：教师 - 调解者，你监控学习活动并扮演学生间的中介人，在遇到协作冲突时起到调解的作用，为学生提供答疑服务，鼓励学生并给予（或指示）必要的学习资源。

李同学：学生 - 推动者，你主动、活跃且富有责任感，不仅执行自己的任务，也推动同伴执行他们的任务。

刘同学、赵同学：学生 - 活跃者，你们主动、积极参与讨论，善于与同伴进行交流。

吴同学：学生 - 沉默者，你几乎不与任何人互动，偶尔有人会希望和你交流，但是你从不回应，你应该调整自己在协作群体中的参与度，否则可能无法通过本轮协作学习。

王同学：学生 - 边缘者，你偶尔与人互动交流，游离在讨论之外，你应该积极参与讨论，调整参与度，否则可能无法通过本轮协作学习。

图 3-11 利用知识图谱提供学习者"角色画像"

机器学习

机器学习的基本概念

机器学习（Machine Learning，ML）是人工智能的一个重要的分支。在这个领域中，机器能够学着执行那些没有被显式编程的任务。简单地讲，机器观察某项任务中存在的模式，并试图以某种直接或间接的方式模仿它。

机器学习 ≈ 先观察，后照做

机器学习的主要目的就是预测。如何做出准确的预测？这就是机器学习的任务。为了直观地说明这一点，可以把机器学习简单分解为预测、比较、学习三个步骤。

预测是机器学习的第一步，它对收集的原始数据进行统计，将这些可统计的结果作为参数送至机器，并对最终结果进行预测。假设完成一件事情的过程中，要达到某一系列的状态（即：输出 y_1，y_2，y_3，…），取决于多个因素（x_1，x_2，x_3，…），那么机器学习的目的就是要通过输入的一系列自变量，根据机器中提供的计算方法，预测出最终输出的因变量的值（见图 3-12）。输入可以是单一的值，也可以是多个值的组合；同样，输出可以是一元的，也可以是多元的。

图 3-12　机器学习的预测模型

比较是机器学习的第二步，将预测的结果与真实的结果进行比较，比较时会发现预测的结果具有不准确性，会产生误差，这时就需要机器能够学习。

学习是机器学习的第三步，它通过研究预测结果与真实结果之间的误差，以及预测时输入的数据，来调整机器的运作方式，使得下一次能做出更准确的预测。

深度学习（Deep Learning，DL）是近来机器学习领域最重要的方向。深度学习是机器学习工具箱中众多方法的子集，主要使用人工神经网络，这类算法的灵感在某种程度上来自人或其他动物的神经网络功能。

图 3-13 所示的是一个有多个输入、单个预测输出的神经网络模型。输入自变量序列 x_1，x_2，$\cdots$，x_n，通过机器中的算法 f，去预测 y 的值。其中，机器的目的就是不断地拿 $f(x_1, x_2, \cdots, x_n)$ 的计算结果去和真实的结果进行比较，计算误差，并不断地调节这个 f，使得每一次预测后的 y 都无限接近于真实的 y。

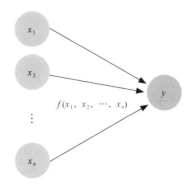

图 3-13　单个预测输出的神经网络模型

如果输出的 y 是多值的，则得到更为复杂的神经网络模型，如图 3-14 所示。输入自变量序列 x_1，x_2，$\cdots$，x_n，通过机器中的算法 F（F 是多个有相同输入的单输出神经网络的结合，即 $F = f_1 \circ f_2 \circ \cdots \circ f_n$），去预测结果序列 y_1，y_2，$\cdots$，y_n 的值。其中，机器的目的就是不断地依据 F（x_1，x_2，$\cdots$，x_n）的计算结果去和真实的结果进行比较，计算误差，并不断地调节这个 F，使得每一次预测后的 y_1，y_2，$\cdots$，y_n 都无限接近于真实的 y_1，y_2，$\cdots$，y_n。

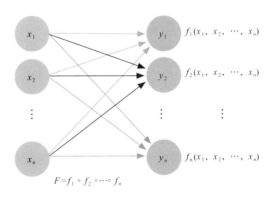

图 3-14　多个预测输出的神经网络模型

面向社会－行为的智能感知设计

社会－行为感知工具即展示协作群体的行为或活动信息的群体感知工具，这类工具关注学习者的活动，包括学习者在小组协作学习中担任什么角色、做了什么、完成了多少学习任务等。其可视化形式也较为多样，有时间线图、条形图、散点图、社会网络图、饼图、雷达图、树状图等等。米勒（M. Miller）等人设计了具有共享计划功能的群体感知工具 SPT，詹森等人在协作平台 VCRI 内部嵌入群体感知工具 Participation Tool（PT），这两个工具均能在展示个体在小组内部的参与度、小组在所有组中的参与度的同时，强化团队的感知能力。

以往的社会－行为感知工具虽然在一定程度上反映了在线学习者的学习行为，但是因为其对数据的收集往往停留在登录次数、在线学习时长、发帖量等简单计数统计的层面上，所以未能对学习活动过程进行深度分析。针对这些不足，需要聚焦协作过程数据，根据小组成员特征设计面向学习者行为的智能感知。这里介绍一个典型的应用场景——课业成绩预警和感知。

仍然结合计算机支持的协作学习中的例子。在一门完全在线上学习的课程中，教师以发布教学视频、布置课后作业的形式教学。每位学生要先观看教学视频，完成个人作业，然后布置一个集体任务，指定组内成员共同完成某个任务，学生要借助在线讨论平台在小组范围内进行交流及学习资源的分享。

为了说明的方便，我们对相关因素进行简化。假设小组最终成绩取决于所有成员的努力及对团体的参与和贡献，我们设置 4 个输入参数：在线学习进度、作业完成率、在线交流度、资源分享与利用率。其中，前 2 个参数反映了成员个体的努力程度，而后 2 个参数反映了个体对团体的参与和贡献，参数取值范围为 0—1（例如某个学生的作业完成率为 0，说明他没有提交过任何作业；为 1，则表明他出色地完成了作业）。我们希望以这 4 个参数为图 3-12 和图 3-13 中所示的输入参数，来预测其最终的成绩，最终成绩对应图 3-12 和图 3-13 中的输出 y（单个输出预测的情况）。若预测出来某学生存在不合格风险，要及时让学生感知存在的问题并向学生提供建议。相应的感知效果如图 3-15 和图 3-16 所示。

吴同学	分数预测 ▶ 24
吴同学，在本次学习中，你的**在线学习进度较慢，作业完成率低，在线交流度低，资源分享与利用率低**，需引起注意。在后续的学习中，请及时观看课程，同步完成课堂作业，增强对课程知识的掌握。同时，你还应该积极参与在线讨论互动，积极分享、查阅资料，增强合作学习能力。	

王同学	分数预测 ▶ 72
王同学，在本次学习中，你的**在线学习进度快，作业完成率高，在线交流度较低，资源分享与利用率较低**，需引起注意。在后续的学习中，你应该积极参与在线讨论互动，积极分享、查阅资料，增强合作学习能力。	

陈同学	分数预测 ▶ 85
陈同学，在本次学习中，你的**在线学习进度较快，作业完成率高，在线交流度较高，资源分享与利用率高**，需引起注意。在后续的学习中，请积极参与在线讨论互动，增强合作学习能力。	

李同学	分数预测 ▶ 90
李同学，在本次学习中，你的**在线学习进度快，作业完成率高，在线交流度高，资源分享与利用率高**。在后续的学习中，请保持现有学习节奏，按时完成学习，积极参与讨论。	

图 3-15　学生课业成绩预测感知

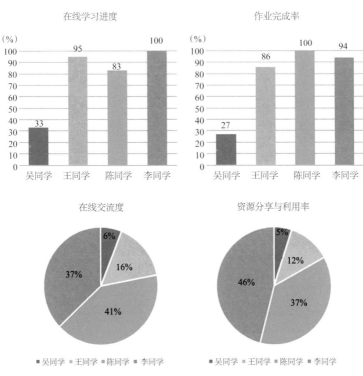

图 3-16　组内课业成绩预测的依据

那么，这些分数是如何被"预测"出来的呢？

神经网络可以整合多个输入数据，它接收输入变量，以此作为信息来源；拥有权重变量，以此作为知识；整合信息知识，输出预测结果。回想如图 3-12 中定义的机器学习的功能：以某种方法计算输入变量（即某个学生的在线学习进度、作业完成率、在线交流度、资源分享与利用率），从而预测出成绩。根据上述定义好的如图 3-13 所示的单个预测输出的神经网络模型，我们来设计一个如图 3-17 所示的多个输入单个输出的神经网络模型。

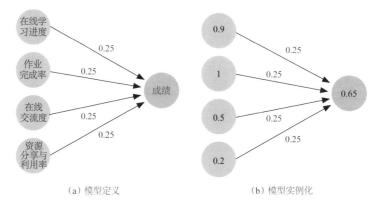

（a）模型定义 （b）模型实例化

图 3-17　成绩预测神经网络模型实例

假设机器学习开始之初，我们先预定义实现该功能的运作方式：将 4 个输入变量乘以 4 项权重（初始化时，所有权重实行均分，权重各为 0.25），并对它们求和，得到加权和，以此作为预测出的成绩。因此，初始时，该机器的作用是计算：

$$y=f(x_1,\ x_2,\ x_3,\ x_4)=(x_1\times p_1+x_2\times p_2+x_3\times p_3+x_4\times p_4)\times 100$$

（公式 3-1）

其中，x_1—x_4 表示 4 个输入参数的值，p_1—p_4 表示每个输入处理时对应的权重，y 表示预测出的成绩。

显然，这个预测是有漏洞的，因为个人的在线学习进度和作业完成率可以根据输入用户的数据来直接提取，最大值为 1，最小值为 0。但是，要得到个体在群体中的在线交流度和资源分享与利用率，必须计算个人在团体的总交流次数（或资源分享与利用次数）中所占的比例，其最大值几乎不可能达到 1。因此，若草草地将 4 个权重以均分的形式设置，显然，预测出的成绩和真实的成绩会有很大的偏差。如图 3-17（b）所示，从该生的在线学习进度（0.9）及作业完成率（1）来看，最终预测出 65 分的成绩明显不合理，因为另两个指标"拉低"了他的总分。

最后，将预测结果与实际值进行比较。比较的目的是测量误差并找出答案，它依赖于和预测结果对应的真实结果。假设该生的真实成绩是 90 分，那么这时就产生了 25%的误差。

如图 3-18 所示，为了尽可能消除误差，我们需要重新设置这 4 个权重，使预测出来的成绩无限接近于真实的成绩。假设系统中已有大量学生学习行为数据和最终的成绩数据，通过不断地调节、比较和学习，最终寻找出最合适的权重设计（先确定方向，再反复调整增量），以使机器的预测性能达到最优，这就是整个机器学习的过程。

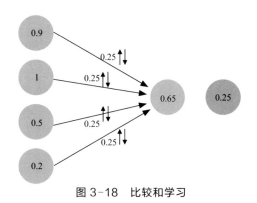

图 3-18　比较和学习

最终预测出的成绩可以反馈给学习者，如图 3-15、图 3-16 所示，以提示学习者为达到某个目标，需要在在线学习进度、作业完成率、在线交流度、资源分享与利用率等方面做出努力。当然，这只是一个简化的解释案例，实际的学习成绩预测比这要复杂得多，涉及千差万别的情境和纷繁复杂的变量，但是机器学习可以提供这样一种预测的尝试。

智能群体感知工具的开发

为了在隐性认知、交互、情感、行为等方面提供群体感知，Co-learning 平台中构建了自己的群体感知工具结构，如图 3-19 所示。

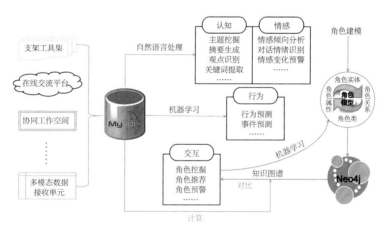

图 3-19　Co-learning 平台的群体感知工具结构图

该工具主要通过 3 个工作模块来采集原始数据，即：支架工具集、在线交流平台和协同工作空间。其中，支架工具集的作用是收集协作过程中的各种用户自我报告、问卷、量表等形式的数据，从而获得用户自述的一手数据；在线交流平台中学习者之间的互动及交流内容则能从不同的角度反映学习者在认知、情感、行为及交互方面的信息；协同工作空间为学习者提供了一个在线学习的工作空间，保证学习者在线上能够实施一些学习行为（如观看在线教学视频、分享与利用学习资源、编辑与提交个人在线作业、协作完成团队共享作业等），从而获得学习过程中的行为数据。将来如有需要，还可以扩充更多的工作模块来采集数据。我们可开发多模态数据接收单元，通过接入不同的设备，来采集协作过程中的眼动、脑电、心电、皮肤电、表情、体感等数据，并对其进行数字化处理。

从各类工作模块中采集而来的数据将被统一地、结构化地存储在数据库中，然后我们可利用人工智能领域相关的技术，从认知、交互、情感、行为等不同的维度对数据进行挖掘与分析，最后向用户提供智能的、可视化的感知信息。

在认知维度上，使用自然语言处理进行主题挖掘、摘要生成、观点识别与关键词提取，从而将协作过程中产生的隐性认知信息展现出来，并提供给学习者（如图3-2、图3-3所示的认知感知效果）。

在情感维度上，仍然使用自然语言处理实现情感分析和情绪识别，从而发现协作过程中成员在情感上发生的特殊事件，以此来提示协作团体调节其协作行为，图3-4到图3-6展示了这种情感感知的效果。

在行为维度上，使用机器学习来不断地"预测－比较－学习"协作过程中的行为数据，最终使工具能够成功地预测出协作过程中可能发生的行为或事件，以及学习者经过某些学习过程后能够达到哪种状态，从而给学习者提供如图 3-15 和图 3-16 所示的行为感知效果。

在交互维度上，预先定义不同的协作角色及特征，建立面向协作角色的知识图谱。然后，抽取出和社会角色指标相关的信息，并与角色模型库中的角色实体进行比对，挖掘出模型库中与实际相似度最高的角色实体，向学习者提供其和同伴的"角色画像"，从而实现角色的挖掘。此外，还可以利用机器学习，将挖掘（预测）出来的角色和协作过程中的真实角色（假设存在真实的角色判断结果）进行对比，再结合机器学习进行反复的"预测－比较－学习"，从而更新角色模型库，为下一次更好地进行角色挖掘（预测）做准备。

四　未来的方向

人类的一个重要特征是社会性。社会性的一个特征就是以群体形式生存。这里所说的群体，是指具备独立行为能力的个体所构成的集合，个体之间的协作形成了整体行为。

　　自然界中具备社会性的生物不仅仅是人类，但是动物群体的协作与人类群体有很大的差异。在动物之间的协作中，个体的能力以及遵循的行为规范比较简单，并且群体的控制是分布式的，不存在中心控制。最典型的例子就是蚂蚁之类的社会性昆虫。在蚂蚁的"社会"中，个体微不足道，安心于社会分工，从不计较个体得失，只具有简单的能力和智能，个体之间的合作也只是简单的通信，彼此有所分工，秩序井然。然而，这样的个体组成的群体却不乏智慧，简单个体的交互过程形成了群体非常复杂的行为。无论是动物群体还是人类群体，群体的复杂行为是群体中的个体随时相互作用的结果。这种复杂行为不具有任何单个个体的性质，通常很难由个体的简单行为来预测和推演，社会学中称之称为"涌现"。

与此同时，人类的协作与社会性昆虫有很大的差异：人类在具备社会性的同时还具有打破社会规则的可能，每个个体都是具有自主能力的个体，都具有改变环境的能力；协作中许多个体不会受制于简单局部信息的互动，而是希望对同伴和群体有深入的了解。因此，与动物社群不同，对于人类群体而言，团队中都是单独的个体，他们具有独立的目标、不同的认知和情感特征。在协作的过程中，参与者需要明确个体和团队的任务与职责，了解任务的进展，清楚个体和团队的特征与贡献。这些信息无论是协作前预设的，还是协作过程中自然形成的，都会在协作过程中不断演变。

与此同时，由于人工智能技术的发展，机器感知与模式识别日渐成为多学科关注的重点。人工智能试图了解人类智能的本质，希望开发出一种能以与人类智能相似的方式做出反应的智能机器。机器感知与模式识别主要研究脑的视听知觉以及如何用机器完成图形和图像、语音等感知信息的处理和识别任务，如物体识别、生物识别、情境识别等。机器感知和模式识别近来取得了重大进步，其中最典型的应用是无人驾驶汽车。无人驾驶汽车需要实现混合路况下的全自动驾驶，并实现多次跟车减速、变道、超车、上下匝道、掉头等复杂驾驶动作，完成不同道路场景的切换，其重要支撑技术之一即机器感知，它利用车上和路上安装的各种传感器获取路况与环境信息，并利用智能推理达到正确识别路况和环境的目的，并在此基础上完成驾驶动作。

尽管如此，如何感知世界仍然是人工智能面临的一个主要难题，这种感知的对象不仅仅是客观的物理环境，还包括人际社会环境。人类生来就有一套感知系统，可以感知物理和社会环境，而人工智能则需要集成传感器和多种不同通道的信息。在过去的那些年里，人们在改善传感器方面取得了巨大的进步，使得对于客观环境的识别能力大大提高，这也是自动驾驶能够成为人工智能"杀手"级应用的原因。与此同时，机器感知与模式识别开始被应用于传统感知信息以外的数据（如文本、互联网数据、多模态数据等），对于人际社会环境的感知也开始得到关注，计算机支持的协作学习与计算机支持的协同工作中的群体感知就是这类应用。针对具体的协作情境，感知的内容包括群体中其他成员及团队整体的协作情况，例如不同成员的参与度以及对于团队的贡献、当前团队任务进度，甚至团队成员的情绪、态度、动机等，这类信息对于人类群体的协作至关重要，这是群体感知的本质。

许多早期的人工智能系统只是向单人用户提供支持，替代完成重复、无聊或看似复杂但能够分解的任务。随着技术的发展，人们越来越倾向于使用机器进行交流和分享（例如计算机支持的协作学习和计算机支持的协同工作），此类技术工作重心在于人工智能是否可被应用于向一组协同解决问题的用户提供支持。正如万维网的创始人李（T. B. Lee）所认为的：我们正在看到"社会机器"的起步，这意味着计算机将能够执行管理任务，并将能够为进行创意工作的人们提供支持。人和计算机的协同工作能够爆发出惊人的能力，构成更为复杂的系统。群体感知不同于一般识别真实的物理情境的机器感知，它更重要的目标是成为人类自身认知与社会感知的辅助工具，使得人机更好地协同。未来人与人之间不断交流互动产生的信息量，将远超今天互联网所能提供的容量，无论是从信息体量的角度看，还是从人类自身认知能力局限的角度看，都需要这类辅助认知技术的支持。

总之，群体感知通过挖掘、跟踪、分析协作过程中所蕴含的动态生成性信息，强化协作者对协作任务状态、团队整体及其他成员的特征、个体与团队的行为模式的持续性关注，群体感知已成为人－机系统新的研究视角与实践路径。未来的群体感知工具，涉及人工智能、脑科学、认知科学、控制理论等相关领域的交叉，是具有智能感知、智能信息反馈和智能决策支持功能的系统。对协作群体的感知需要能够适应千变万化的场景，提供各种各样的模态信息，充分利用人工神经网络的自学习和容错特性，进行深度学习以获取场景与对象的各种特征，利用专家系统和各种推理规则实现认知场景与对象的匹配，为日常的协作活动提供更好的认知辅助与决策支持。

参考文献

陈向东，罗淳，张江翔，2019. 共享调节：一种新的协作学习研究与实践框架 [J]. 远程教育杂志 (1):62-71.

陈向东，曾燕燕，邢丹平，2007. 协作学习的社会网络研究：以上海农林职院 07 级网络专业学生为例 [J]. 开放教育研究 (6): 67-71.

陈向东，张蕾，陈佳雯，2020. 基于社会网络分析 (SNA) 的共享调节学习评价：概念框架与解释案例 [J]. 远程教育杂志 (2):56-68.

李慧，2021. 面向学习体验文本的学习者情感分析模型研究 [J]. 远程教育杂志 (1):94-103.

李艳燕，张媛，苏友，等，2019. 群体感知视角下学习分析工具对协作学习表现的影响 [J]. 现代远程教育研究 (1):104-112.

胜楚倩，刘明，刘革平，2019. 基于群体感知的在线同伴互评系统实现与应用 [J]. 现代远程教育研究 (4):104-112.

张婧鑫，姜强，赵蔚，2019. 在线学习社会临场感影响因素及学业预警研究：基于 CoI 理论视角 [J]. 现代远距离教育 (4):38-47.

郑惠莉，刘陈，翟丹妮，2001. 基于雷达图的综合评价方法 [J]. 南京邮电学院学报（自然科学版）(2):75-79.

郑树泉，王倩，武智霞，等，2019. 工业智能技术与应用 [M]. 上海：上海科学技术出版社 .

Antunes P, Zurita G, Baloian N, 2009. A model for designing geocollaborative artifacts and applications[C]. Heidelberg：Proceedings of International Conference on Collaboration and Technology.

Bachour K, Kaplan F, Dillenbourg P, 2010. An interactive table for supporting participation balance in face-to-face collaborative learning [J]. IEEE Transactions on Learning Technologies, 3(3)：203–213.

Basu R, 2004. Implementing quality: a practical guide to tools and techniques: enabling the power of operational excellence[M]. Boston: Cengage Learning.

Benko H, Ishak E W, Feiner S, 2004. Collaborative mixed reality visualization of an archaeological excavation[C]. Arlington,VA: Proceedings of the 3rd IEEE/ACM International Symposium on Mixed and Augmented Reality (ISMAR'04).

Bodemer D, Janssen J, Schnaubert L, 2018. Group awareness tools for computer-supported collaborative learning[M]// Fischer F, Hmelo-Silver C E, Goldman S R, et al. International handbook of the learning sciences. New York, NY: Routledge.

Boland D, Fitzgerald B, 2004. Transitioning from a co-located to a globally-distributed software development team: a case study at Analog Devices Inc[EB/OL]. [2021-03-06].http://gsd2004.cs.uvic.ca/camera/boland.pdf.

Buder J, 2011. Group awareness tools for learning: current and future directions[J]. Computers in Human Behavior, 27(3): 1114−1117.

Buder J, Bodemer D, 2008. Supporting controversial CSCL discussions with augmented group awareness tools[J]. International Journal of Computer-Supported Collaborative Learning, 3(2): 123−139.

Caballé S, Mora N, Feidakis M, et al., 2014. CC-LR: providing interactive, challenging and attractive collaborative complex learning resources[J]. Journal of Computer Assisted Learning, 30 (1): 51–67.

Cadima R, Ferreira C, Monguet J, et al., 2010. Promoting social network awareness: a social network monitoring system[J]. Computers & Education, 54(4): 1233−1240.

Carroll J M, Neale D C, Isenhour P L, et al., 2003. Notification and awareness: synchronizing task-oriented collaborative activity[J]. International Journal of Human-Computer Studies, 58 (5):605–632.

Chen M Y, Chen C, Liu S Q, et al., 2015. Visualized awareness support for collaborative software development on mobile devices[J]. International Journal of Software Engineering and Knowledge Engineering, 25(2):253−275.

Chen R C, Hendry C Y H, Huang C Y, 2016. A domain ontology in social networks for identifying user interest for personalized recommendations[J]. Journal of Universal Computer Science, 22(3): 319−339.

Chiken K, Hazeyama A, 2003. Awareness support in group-based software engineering education system[C].Chiang Mai: Proceedings of the Tenth Asia-Pacific Software Engineering Conference.

Chisan J, Damian D, 2004. Towards a model of awareness support of software development in GSD[C]. Edinburgh: Proceedings of the 26th International Conference on Software Engineering.

Colace F, Santo M D, Greco L, 2014. SAFE: a sentiment analysis framework for e-learning[J]. International Journal of Emerging Technologies in Learning, 9(6): 37−41.

Dong A, 2005. The latent semantic approach to studying design team communication[J]. Design Studies, 26(5): 445−461.

Dourish P, Bellotti V, 1992. Awareness and coordination in shared workspaces[C]. Toronto: Proceedings of the ACM Conference on Computer-Supported Cooperative Work.

Duarte D, Farinha C, da Silva M M, et al., 2012. Collaborative requirements elicitation with visualization techniques[EB/OL].[2021-03-09].http://isg.inesc-id.pt/ alb/static/papers/2012/C107-dd-wetice2012.pdf.

Engelmann T, Hesse F W, 2010. How digital concept maps about the collaborators' knowledge and information influence computer-supported collaborative problem solving[J]. International Journal of Computer-Supported Collaborative Learning, 5(3): 299-319.

Erkens M, Bodemer D, Hoppe H U, 2016. Improving collaborative learning in the classroom: text mining based grouping and representing[J]. International Journal of Computer-Supported Collaborative Learning, 11(4): 387-415.

Ez-Zaouia M, Lavoué E, 2017. EMODA: a tutor oriented multimodal and contextual emotional dashboard[C].Vancouver:Proceedings of the Seventh International Learning Analytics & Knowledge Conference.

Ez-Zaouia M, Tabard A, Lavoué E, 2020. Emodash: a dashboard supporting retrospective awareness of emotions in online learning[J]. International Journal of Human-Computer Studies, 139(1):102411.

Fitzpatrick G, Ellingsen G, 2013. A review of 25 years of CSCW research in healthcare: contributions, challenges and future agendas[J]. Computer Supported Cooperative Work, 22(4): 609-665.

Garrison D R, 2015. Thinking collaboratively: learning in a community of inquiry[M]. New York, NY: Routledge.

Garrison D R, Anderson T, Archer W, 1999. Critical inquiry in a text-based environment: computer conferencing in higher education[J]. The Internet and Higher Education, 2(2-3): 87-105.

Gašević D, Joksimović S, Eagan B R, et al., 2019. SENS: network analytics to combine social and cognitive perspectives of collaborative learning[J]. Computers in Human Behavior, 92: 562-577.

Gopsill J A, McAlpine H C, Hicks B J, 2013. A social media framework to support engineering design communication[J]. Advanced Engineering Informatics, 27(4): 580-597.

Grant L, 2006. Using Wikis in schools: a case study [EB/OL].[2021-04-14].https:// www.immagic.com/eLibrary/ARCHIVES/GENERAL/FUTRLBUK/Wikis_in_ Schools.pdf.

Gutwin C, Penner R, Schneider K, 2004a. Group awareness in distributed software development[EB/OL].[2021-03-06].https://www.st.cs.uni-saarland.de/edu/ empirical-se/2006/PDFs/gutwin04.pdf.

Gutwin C, Greenberg S, 2004b. The importance of awareness for team cognition in distributed collaboration[M]//Salas E, Fiore S M. Team cognition: understanding the factors that drive process and performance. Washington:APA Press.

Gutwin C, Greenberg S, Roseman M, 1996. Workspace awareness in real-time distributed groupware: framework, widgets, and evaluation[M]//Sasse M A, Cunningham R J, Winder R L. People and computers XI. London: Springer.

Herbsleb J D, 2007. Global software engineering: the future of socio-technical coordination[EB/OL].[2021-04-06].https://cs.uwaterloo.ca/~apidduck/CS430/ Assignments/GlobalSE.pdf.

Hodges G C, 2002. Learning through collaborative writing[J]. Literacy and Language, 36(1):4-10.

Hussain N, Wang H, Buckingham C D, 2019. Artifact-centric semantic social-collaboration network in an online healthcare context[C].Utrecht:17th International Conference on e-Society.

Janssen J, Erkens G, Kirschner P A, 2011. Group awareness tools: it's what you do with it that matters[J]. Computers in Human Behavior, 27(3):1046–1058.

Järvelä S, Malmberg J, Haataja E, et al., 2019. What multimodal data can tell us about the students' regulation of their learning process[J]. Learning and Instruction, 72: 101203.

Järvenoja H, Järvelä S, Malmberg J, 2017. Supporting groups' emotion and motivation regulation during collaborative learning[J]. Learning and Instruction, 70: 101090.

Kao G Y M, Lin S S J, Sun C T, 2008. Breaking concept boundaries to enhance creative potential: using integrated concept maps for conceptual self-awareness[J]. Computers & Education, 51(4): 1718–1728.

Ko A, DeLine R, Venolia G, 2007. Information needs in collocated software development teams[EB/OL]. [2021-02-18].https://www.microsoft.com/en-us/research/wp-content/uploads/2016/02/icse07_ko.pdf.

Kommeren R, Parviainen P, 2007. Philips experiences in global distributed software development[J]. Empirical Software Engineering, 12(6):647–660.

Lanza M, Hattori L, Guzzi A, 2010. Supporting collaboration awareness with real-time visualization of development activity[C].Madrid:Proceedings of the Euromicro Conference on Software Maintenance and Reengineering.

Lavoué É, Molinari G, Prié Y, et al., 2015. Reflection-in-action markers for reflection-on-action in computer-supported collaborative learning settings[J]. Computers & Education, 88: 129–142.

Lezzar F, Zidani A, Chorfi A, 2012. A web application for supporting health care tasks with a groupware planning approach[C]. Sousse: International Conference on Information Technology and e-Services.

Liao C N, Chang K E, Huang Y C, et al., 2020. Electronic storybook design, kindergartners' visual attention, and print awareness: an eye-tracking investigation[J]. Computers & Education, 144:103703.

Lin J W, Lai Y C, 2013. Online formative assessments with social network awareness[J]. Computers & Education, 66: 40-53.

Liu M, Liu L, Liu L, 2018. Group awareness increases student engagement in online collaborative writing[J]. The Internet and Higher Education, 38:1-8.

Luz S, Masoodian M, 2010. Improving focus and context awareness in interactive visualization of time lines[C]. Dundee:Proceedings of HCI.

Malmberg J, Järvelä S, Holappa J, et al., 2019. Going beyond what is visible: what multichannel data can reveal about interaction in the context of collaborative learning?[J]. Computers in Human Behavior, 96: 235-245.

Marcos-García J A, Martínez-Monés A, Dimitriadis Y, 2015. DESPRO: a method based on roles to provide collaboration analysis support adapted to the participants in CSCL situations[J]. Computers & Education, 82: 335-353.

McAdam R, O'Hare T, Moffett S, 2008. Collaborative knowledge sharing in composite new product development: an aerospace study[J]. Technovation, 28(5):245-256.

McMahon C, Lowe A, Culley S, 2004. Knowledge management in engineering design: personalization and codification[J]. Journal of Engineering Design, 15(4):307-325.

Milgram P, Kishino F, 1994. A taxonomy of mixed reality visual displays[J]. IEICE Transactions on Information and Systems, 77(12): 1321-1329.

Miller M, Hadwin A, 2015. Scripting and awareness tools for regulating collaborative learning: changing the landscape of support in CSCL[J]. Computers in Human Behavior, 52: 573-588.

Molinari G, Chanel G, Bétrancourt M, et al., 2013. Emotion feedback during computer-mediated collaboration: effects on self-reported emotions and perceived interaction[EB/OL].[2021-02-18].https://repository.isls.org/bitstream/1/1895/1/336-343.pdf.

Olson J S, Wang D, Olson G M, et al., 2017. How people write together now: beginning the investigation with advanced undergraduates in a project course[EB/OL].[2021-02-16].https://dl.acm.org/doi/pdf/10.1145/3038919.

Omoronyia I, Ferguson J, Roper M, et al., 2009. Using developer activity data to enhance awareness during collaborative software development[J]. Computer Supported Cooperative Work (CSCW), 18(5-6): 509-558.

Omoronyia I, Ferguson J, Roper M, et al., 2010. A review of awareness in distributed collaborative software engineering[J]. Software, 40(12):1107-1133.

Ortigosa A, Martin J M, Carro R M, 2014. Sentiment analysis in Facebook and its application to e-learning[J]. Computers in Human Behavior, 31: 527-541.

Oshima J, Oshima R, Fujita W, 2018. A mixed-methods approach to analyze shared epistemic agency in jigsaw instruction at multiple scales of temporality[J]. Journal of Learning Analytics, 5(1): 10-24.

Peng G, Wang H W, Zhang H, et al. , 2017. A collaborative system for capturing and reusing in-context design knowledge with an integrated representation model[J]. Advanced Engineering Informatics, 33(8):314-329.

Phielix C, Prins F J, Kirschner P A, et al., 2011. Group awareness of social and cognitive performance in a CSCL environment: effects of a peer feedback and reflection tool[J]. Computers in Human Behavior, 27(3): 1087-1102.

Raikundalia G K, Zhang H L, 2005. Newly-discovered group awareness mechanisms for supporting real-time collaborative authoring[C]. Darlinghurst:Proceedings of the Sixth Australasian Conference on User Interface.

Rolim V, Ferreira R, Lins R D, et al., 2019. A network-based analytic approach to uncovering the relationship between social and cognitive presences in communities of inquiry[J]. The Internet and Higher Education, 42: 53-65.

Ryskeldiev B, Cohen M, Herder J, 2018. Streamspace: pervasive mixed reality telepresence for remote collaboration on mobile devices[J]. Journal of Information Processing, 26: 177-185.

Sangin M, Molinari G, Nüssli M A, et al., 2011. Facilitating peer knowledge modeling: effects of a knowledge awareness tool on collaborative learning outcomes and processes[J]. Computers in Human Behavior, 27(3):1059-1067.

Scardamalia M, Bereiter C, 1992. An architecture for collaborative knowledge building[M]//Corte E D, Linn M C, Mandl H, et al. Computer-based learning environments and problem solving. Heidelberg: Springer.

Schafer W A, Bowman D A, 2006. Supporting distributed spatial collaboration: an investigation of navigation and radar view techniques[J]. GeoInformatica, 10(2): 123-158.

Schafer W A, Ganoe C H, Carroll J M, 2007. Supporting community emergency management planning through a geocollaboration software architecture[J]. Computer Supported Cooperative Work, 16(4-5):501-537.

Schlichter J, Koch M, Bürger M, 1996. Workspace awareness for distributed teams [C]. Heidelberg: Annual Asian Computing Science Conference.

Schreurs B, de Laat M, 2014. The network awareness tool: a web 2.0 tool to visualize informal networked learning in organizations[J]. Computers in Human Behavior, 37: 385-394.

Sobocinski M, Järvelä S, Malmberg J, et al., 2020. How does monitoring set the stage for adaptive regulation or maladaptive behavior in collaborative learning? [J]. Metacognition and Learning, 15: 99-127.

Su A Y S, Yang S J H, Hwang W Y, et al., 2010. A Web 2.0-based collaborative annotation system for enhancing knowledge sharing in collaborative learning environments[J]. Computers & Education, 55(2): 752-766.

Tran M H, Yang Y, Raikundalia G K, 2006. Extended radar view and modification director: awareness mechanisms for synchronous collaborative authoring[EB/OL]. [2021-03-09].https://aisel.aisnet.org/cgi/viewcontent.cgi?referer=&httpsredir=1& article=1027&context=mcis2012.

Wang D, Olson J S, Zhang J, et al., 2015.DocuViz: visualizing collaborative writing[C]. Seoul:Proceedings of the 33rd Annual ACM Conference on Human Factors in Computing Systems.

Webster E A, 2019. Regulating emotions in computer-supported collaborative problem-solving tasks[D]. Victoria: University of Victoria.

Wu A, Convertino G, Ganoe C, et al., 2013. Supporting collaborative sense-making in emergency management through geo-visualization[J]. International Journal of Human-Computer Studies, 71(1):4-23.

Zaffar F O, Ghazawneh A, 2012. Knowledge sharing and collaboration through social media-the case of IBM[EB/OL].[2021-03-06].https://dl.acm.org/doi/pdf/10.5555/1151758.1151763.